普通高等教育"十四五"规划教材

Matlab 数据挖掘算法及应用

主　编　徐建新　肖清泰

副主编　戴绍钧　赵　璧　马　丽

北　京

冶金工业出版社

2024

内 容 提 要

本书共分 12 章。第 1~4 章主要介绍 Matlab 的系统环境、矩阵及其运算、数据可视化和 APP designer 设计；第 5~10 章主要讲述 Matlab 在不同场景中的应用；第 11~12 章为 Matlab 遗传算法实例及案例分析。本书重点在于 Matlab 的基础应用，以简练的语言和代表性的实例向读者介绍 Matlab 的功能和使用方法，可为初识 Matlab 的用户提供指导。

本书可作为信息、数学、计算机等有关理工科专业本科生和研究生的教材，也可供相关专业工程技术人员阅读参考。

图书在版编目（CIP）数据

Matlab 数据挖掘算法及应用/徐建新，肖清泰主编 . —北京：冶金工业出版社，2024.1

普通高等教育"十四五"规划教材

ISBN 978-7-5024-9664-7

Ⅰ.①M…　Ⅱ.①徐…　②肖…　Ⅲ.①数据采集—Matlab 软件—高等学校—教材　Ⅳ.①TP274

中国国家版本馆 CIP 数据核字（2023）第 208842 号

Matlab 数据挖掘算法及应用

出版发行	冶金工业出版社	**电　话**	（010）64027926
地　址	北京市东城区嵩祝院北巷 39 号	**邮　编**	100009
网　址	www. mip1953. com	**电子信箱**	service@ mip1953. com

责任编辑　郭雅欣　美术编辑　吕欣童　版式设计　郑小利
责任校对　范天娇　责任印制　禹　蕊
北京富资园科技发展有限公司印刷
2024 年 1 月第 1 版，2024 年 1 月第 1 次印刷
787mm×1092mm　1/16；13.25 印张；315 千字；197 页
定价 46.00 元

投稿电话　（010）64027932　投稿信箱　tougao@cnmip. com. cn
营销中心电话　（010）64044283
冶金工业出版社天猫旗舰店　yjgycbs. tmall. com
（本书如有印装质量问题，本社营销中心负责退换）

前　言

Matlab 是一种科学计算语言和交互式集成开发环境（IDE）软件。该开发环境由 Matlab 和 Simulink 两大部分组成，具有科学计算、数学绘图、系统仿真、数据分析、算法开发等强大功能。自 1984 年由美国 Mathworks 公司推向市场以来，历经 30 多年的竞争和发展，现已成为国际上应用最广泛的科技工具软件，在学术研究与工业设计等领域占有主要市场地位。对于国内外大学的理工类专业，Matlab 已经成为师生必须掌握的一项基本技能。

本书共分 12 章，内容包括 Matlab 的系统环境、矩阵及其运算、数据可视化、程序设计、数值运算、符号运算、APP designer 设计、机器学习算法的应用等。本书重点介绍 Matlab 的基础应用，并以简练的语言和有代表性的实例向读者介绍 Matlab 的功能和操作方法，为初识 Matlab 的用户提供使用指导。本书对 Matlab 的常用函数和功能进行了详细的介绍，并通过实例及大量的图示进行说明，辅助读者学习 Matlab。

本书由昆明理工大学徐建新教授和肖清泰副教授主编，戴绍钧、赵璧、马丽副主编，全书由高帅、邓永安、范明炀统稿，其中徐建新负责第 6 章和第 10 章、肖清泰负责第 2~5 章、戴绍钧负责第 1 章和第 9 章、赵璧负责第 7 章和第 8 章、马丽负责第 11 章和第 12 章；此外，本书的编写过程得到了周允昕、蔡鹏程、唐皓、李志强、张岩、张冬生、邵明祥、杨肖杰、李鑫宇、张盖、杨健昌、姚号天等的支持与帮助；本书得到了国家自然科学基金（项目号：52166004）、2022 年云南省科技厅重大科技专项计划（项目号：202202AG050007、202202AG050002）的支持，在此一并表示感谢。

由于作者水平所限，书中不足之处，恳请广大读者批评指正。

编　者
2023 年 5 月

目 录

1 Matlab 概述及系统环境

1.1 Matlab 概述

1.1.1 Matlab 发展

20 世纪 70 年代中期，新墨西哥大学计算机系主任 Clever Moler 博士和其团队在美国国家自然科学基金的资助下，开发了调用 Linpack 和 Eispack 的 FORTRAN 子程序；20 世纪 70 年代后期，Moler 博士编写了相应的接口程序，并将其命名为 Matlab（即 Matrix Laboratory 的前三个字母的缩写，意为矩阵实验室）。

1983 年，John Little 和 Moler、Bangert 等人一起合作开发了第 2 代专业版 Matlab；1984 年，Moler 博士成立了 MathWorks 公司，继续 Matlab 软件的研制与开发，并着力将软件推向市场。

Matlab 分为总包和若干工具箱，随着版本的不断升级，它具有越来越强大的数值计算能力、更为卓越的数据可视化能力及良好的符号计算功能，逐步发展成为各种学科和多种工作平台下功能强大的大型软件，获得了广大科技工作者的普遍认可。现在的 Matlab 不仅仅是一个最初的"矩阵实验室"了，它已发展成为一种具有广泛应用前景、全新的计算机高级编程语言。一方面，Matlab 可以方便实现数值分析、优化分析、数据处理、自动控制、信号处理等领域的数学计算；另一方面，也可以快捷实现计算可视化、图形绘制、场景创建和渲染、图像处理、虚拟现实和地图制作等分析处理工作。

在许多国外高校，Matlab 已经成为线性代数、自动控制理论、概率论及数理统计、数字信号处理、时间序列分析、动态系统仿真等课程的基本教学工具，是本科生、研究生必须掌握的基本技能，被认为是进行高效研究与开发的首选软件工具。同时，Matlab 也正逐渐成为国内大学理工科专业学生的重要软件工具之一。

1.1.2 Matlab 操作平台

Matlab 支持许多操作系统，如 Windows、Linux、Mac，提供了大量的平台独立措施。在不同平台上编写的程序，在其他平台上也可以正常运行。因此，用户可以根据需要把 Matlab 编写的程序移植到新平台。

1.1.3 Matlab 功能优势

Matlab 功能优势包括：

（1）简单易学的编写语言。Matlab 是一个高级的矩阵/阵列语言，符合科技人员对数学表达式的书写格式，有利于非计算机专业的科技人员使用。用户可以在命令窗口中将输入语句与执行命令同步，也可以先编写好一个较大的复杂的应用程序（M 文件）后再一起运行。Matlab 是基于 C/C++的，因此语法特征与 C/C++极为相似，且更加简单，并且这种语言可移植性好、可拓展性极强，这也是 Matlab 能够深入科学研究及工程计算各个领域的重要原因。

（2）强大的数据处理能力。Matlab 是一个包含大量算法的集合，拥有大量工程中需要的数学运算函数，可以方便地实现用户所需的各种计算功能。这些函数集包括从最简单的三角函数、求导函数到诸如矩阵、特征向量、快速傅里叶变换的复杂函数。能解决包括矩阵运算和线性方程组的求解、微分方程及偏微分方程组的求解、符号运算、傅里叶变换和数据的统计分析、工程中的优化问题及建模动态仿真等问题。

（3）出色的图形处理能力。利用 Matlab 绘图十分方便，其带有许多绘图和图形设置预定义函数，它既可以绘制各种包括二维、三维图形，还可以对图形进行修饰和控制，以增强图形的表现效果，GUIDE 环境还允许用户编写完整的图形界面程序。

（4）集合模块化的工具箱。Matlab 对许多专门的领域都开发了功能强大的模块集合工具箱。一般来说，它们都是由专业领域的专家开发且经过多方检验，用户可以直接使用工具箱学习、应用，而不需要自己编写代码。

1.2　Matlab 集成环境

1.2.1　Matlab 系统构成

Matlab 系统由 Matlab 开发环境、Matlab 数学函数库、Matlab 语言、Matlab 图形处理系统和 Matlab 应用程序接口（API）五大部分构成。

1.2.1.1　Matlab 开发环境

Matlab 开发环境是一套方便用户使用 Matlab 函数和文件的工具集，其中基本都是图形化用户接口。Matlab 是一个集成化的工作区，可以让用户输入、输出数据，并提供了 M 文件的集成编译和调试环境，包括桌面、命令行窗口、M 文件编辑调试器、Matlab 工作区和在线帮助文档。

1.2.1.2　Matlab 数学函数库

Matlab 数学函数库包括了大量的数学计算算法，从基本运算（如加法、正弦等）到复杂算法（如矩阵求逆、贝塞尔函数、快速傅里叶变换等），方便科研人员快速进行研究模型分析。

1.2.1.3　Matlab 语言

Matlab 语言是一个高级的基于矩阵/数组的语言，具有程序流控制、脚本、函数、数据结构、输入/输出和面向对象编程等特色。用户既可以用它来快速编写简单的程序，也可以用来编写庞大的复杂应用程序。

1.2.1.4　Matlab 图形处理系统

Matlab 图形处理系统使得 Matlab 能方便图形化显示向量和矩阵，而且能对图形添加标注和打印，包括强力的二维、三维图形函数及图像处理和动画显示等函数。

1.2.1.5 Matlab 应用程序接口

Matlab 应用程序接口（API）是一个使 Matlab 语言能与 C、FORTRAN 等其他高级编程语言进行交互的函数库，其主要功能包括在 Matlab 中调用 C 和 FORTRAN 程序，以及在 Matlab 与其他应用程序间建立客户/服务器关系。

1.2.2 Matlab 工具箱

工具箱是 Matlab 的关键部分，它是 Matlab 强大功能得以实现的载体和手段，是对 Matlab 基本功能的重要扩充。Matlab 每年通常会增加一些新的工具箱，有时也会合并一些工具箱，因此，在一般情况下，工具箱的列表不是固定不变的。

较为常见的 Matlab 工具箱包括以下几类：

（1）控制类工具箱。控制类工具箱包括控制系统工具箱（Control System Toolbox）、系统辨识工具箱（System Identification Toolbox）、模糊逻辑工具箱（Fuzzy Logic Toolbox）、神经网络工具箱（Neural Network Toolbox）、统计和机器学习工具箱（Statistics and Machine Learning Toolbox）、模型预测控制工具箱（Model Predictive Control Toolbox）。

（2）应用数学类工具箱。应用数学类工具箱包括最优工具箱（Optimization Toolbox）、曲线拟合工具箱（CurveFitting Toolbox）、统计工具箱（Statistics Toolbox）、偏微分方程工具箱（Partial Differential Equation Toolbox）、映射工具箱（Mapping Toolbox）。

（3）信号处理类工具箱。信号处理类工具箱包括信号处理工具箱（Signal Processing Toolbox）、通信系统工具箱（Communications System Toolbox）、小波分析工具箱（Wavelet Toolbox）。

（4）其他常用的工具箱。其他常用的工具箱包括符号数学工具箱（Symbolic Math Toolbox）、并行计算工具箱（Parallel Computing Toolbox）。

1.2.3 Matlab 工作界面

1.2.3.1 选项卡/面板

Matlab 页面中包括主页、绘图、APP（应用程序）3 个选项。绘图选项卡提供对数据的绘图功能；APP 选项卡提供各应用程序的接口；主页选项卡包括文件、变量、代码、SIMULINK、环境、资源 6 个面板，其主要功能如下：

（1）新建。用于建立新的 .m 文件、图形、模型和图形用户界面。

（2）新建脚本。用于建立新的 .m 脚本文件。

（3）打开。用于打开 Matlab 的 .m 文件、.fig 文件、.mat 文件、.mdl 文件、.cdr 文件等。

（4）导入数据。用于从其他文件中导入数据，单击后弹出对话框，选择导入文件的路径和位置。

（5）保存工作区。用于把工作区的数据存放到相应的路径文件中。

（6）布局。提供工作界面上各个组件的显示选项，并提供预设的布局。

（7）预设。用于设置 Matlab 界面窗口的属性，默认为命令行窗口属性。

（8）设置路径。设置工作路径。

（9）帮助。打开帮助文件或其他帮助方式。

1.2.3.2　命令窗口

命令窗口是命令行语句和命令文件执行的主要窗口，可以输入各种指令、函数、表达式等。在命令行窗口中输入语句，Matlab 会逐句解释执行并在命令行窗口中给出结果。命令行窗口可显示除图形以外的所有运算结果，还会显示一个提示符"＞＞"，并且当该窗口处于激活状态时，提示符的右侧会显示一个闪动的光标，表明 Matlab 正在等待用户输入指令，以便执行数学运算或其他操作。

1.2.3.3　工作空间窗口

工作空间窗口是 Matlab 的一个变量管理中心，可以显示变量的名称、尺寸、字节和类别等信息，同时用不同的图标表示矩阵、字符数组、元胞数组、构架数组等变量类型，另外，用户可在工作空间窗口中用鼠标右键选择变量进行修改、复制、删除、重命名等编辑操作，双击变量则会弹出变量编辑器。

1.2.3.4　当前文件夹窗口

当前文件夹窗口主要用于显示存储的命令文件、函数文件、数据文件、图形文件等，同时可以通过当前文件夹窗口将任意的文件夹设置为当前文件夹，但只有在当前文件夹或搜索路径下的文件、函数才能被 Matlab 运行或调用。

1.2.3.5　历史命令窗口

历史命令窗口用于显示用户已执行过的命令，用户可以在历史命令窗口中利用鼠标的右键对执行过的命令进行复制、删除等操作。

上述所有窗口可通过窗口按钮或快捷键进行调用，如图 1.1 所示。

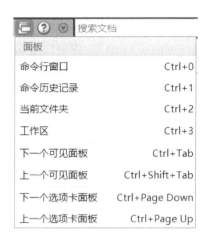

图 1.1　命令窗口

1.2.3.6　M 文件编辑器

M 文件编辑器主要用于建立脚本文件或函数文件，单击主窗口左上角的"NewScript/新建脚本"按钮或在命令窗口中输入 edit 后回车即可打开 M 文件编辑器，如图 1.2 所示。

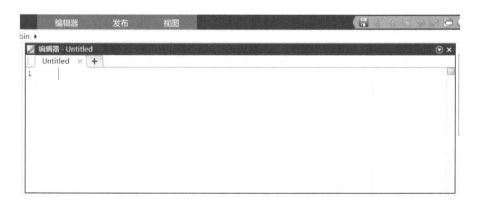

图 1.2　M 文件编辑器

1.2.3.7 图形窗口

常用的图形窗口打开方式有两种：

（1）在命令窗口输入 figure 命令。例如，在命令窗口中直接输入 figure 即可打开一个图形窗口，如图 1.3 所示。

（2）执行结果为图形的语句。

图 1.3 图形窗口

1.3 Matlab 常用命令及学习技巧

通用命令是 Matlab 中经常使用的一组命令，这些命令可以用来管理目录、命令、函数、变量、工作空间、文件和窗口。在后面的学习中会经常用到，下面对这些命令进行简单归纳。

1.3.1 常用命令

在使用 Matlab 时，编写程序代码的过程中经常使用的命令称为常用命令，具体见表 1.1。

表 1.1 常用命令

命令	说明	命令	说明
cd	显示或改变当前工作目录	exit	退出 Matlab
dir	显示当前目录或指定目录下文件	quit	退出 Matlab，类似 exit
clc	清除命令行窗口中所有显示内容	pack	收集内存碎片
home	将光标移至命令行窗口左上角	hold	图形保持开关
clf	清除图形窗口	path	显示搜索目录
type	显示文件内容	save	保存内存变量到指定文件
clear	清理内存变量	more	控制命令行窗口分页输出
load	加载指定文件变量	disp	显示变量或文字内容
diary	日志文件命令	echo	命令行窗口信息显示开关
!	调用 DOS 命令		

1.3.2　快捷键

在 Matlab 命令行窗口中，为了便于对输入的内容进行编辑，Matlab 提供了一些控制光标位置和进行简单编辑的常用编辑键与组合键，即快捷键。掌握这些快捷键（见表 1.2），可以在输入命令的过程中获得事半功倍的效果。

表 1.2　常用的快捷键

快捷键	说　明	快捷键	说　明
↑	调用上一行命令	Esc	清除当前输入行全部内容
↓	调用下一行命令	Home	光标置于当前行开头
→	光标右移一个字符	End	光标置于当前行末尾
←	光标左移一个字符	Delete	删除光标后字符
Ctrl+→	光标右移一个单词	Backspace	删除光标前字符
Ctrl+←	光标左移一个单词	Alt+backspace	恢复上次删除内容
Pageup	向前翻阅当前窗口内容	Ctrl+c	中断命令运行
Pagedown	向后翻阅当前窗口内容		

1.3.3　标点符号的含义

在 Matlab 中，一些标点符号也被赋予了特殊的意义或代表一定的运算。Matlab 中的标点符号见表 1.3，所有的标点符号均需要在英文状态下输入。

表 1.3　Matlab 标点符号

符号	作　用
空格符	变量分隔、数组元素分隔、矩阵元素分隔、函数关键字分隔
,	分隔语句、分隔变量、分隔元素、分隔参数
.	数值小数点、结构数组域访问符
;	分隔不显示计算结果的各语句、矩阵行与行的分隔
:	生成一维数值数组，表示一维数组全部元素或多维数组某一行元素
%	注释语句说明符
' '	字符串标识符
!	调用操作系统运算
…	分行命令连接下行用
=	表达式赋值给变量
( )	矩阵元素引用、确定运算优先级、函数输入变量列表
[ ]	向量矩阵标识符、函数输出列表
{ }	标识构造单元数组
_	变量、函数文件名中连字符
@	函数名前形成函数句柄、目录名前形成用户对象类目录

1.3.4 格式化文本输出

1.3.4.1 format 命令

format 命令用于设置在命令窗口中输出数值的显示方式，几种最为常用的用法如下。

不带命令参数的 format 命令用于将输出显示方式设置为默认方式。format short 命令和 format long 命令分别用于将数值的显示方式设置为短格式和长格式。它们只适用于浮点型的数据，而不会影响整型数据的输出长度。执行 format short 命令后，所求数值将显示到小数点后第 4 位，并且根据数值的大小，采用普通小数的输出方式或科学计数法的输出方式，这也是浮点型数据的默认显示方式。执行 format long 命令后，所求数值则显示到小数点后第 7 位（单精度浮点型数据）或第 15 位（双精度浮点型数据），同样视数值大小采用普通小数或科学计数法方式来显示。执行 format hex 命令，以十六进制的方式显示整型和浮点型数据。format compact 命令和 format loose 命令则用于控制输出文本中的空行。若希望消除这些空行，则可以执行 format compact 命令。而执行 format loose 命令，则将恢复插入的空行。

1.3.4.2 disp 命令

使用 disp 函数可以显示函数参数的值。实际上，disp(x) 和直接使用不带分号的 x 作为命令得到的输出结果十分类似，只不过后者会显示变量名，而前者则仅仅显示变量的值。disp 函数显示的数值格式同样由 format 命令控制。

1.3.4.3 fprintf 函数

fprintf 函数能够使用户更为自由地表示数据在命令窗口中的文本输出方式。该函数的调用方式为 fprintf(formatspec，A1，…，An)。

其中，formatspec 是格式字符串，其后的 A1，…，An 为数量不限的参数。格式字符串 formatspec 中包含两种类型的内容：直接输出的文本内容和格式定义部分。

1.3.5 搜索路径设置

Matlab 提供了专门的路径搜索器来搜索存储在内存中的 M 文件和其他相关文件，当 Matlab 对函数或文件等进行搜索时，都是在其搜索路径下进行的。在 Matlab 的命令行窗口中输入某一变量（如 variable）后，Matlab 将进行如下操作：

（1）检查 variable 是不是 Matlab 工作区中的变量名，如果不是，则执行下一步。

（2）检查 variable 是不是一个内置函数，如果不是，则执行下一步。

（3）检查当前文件夹下是否存在一个名为 variable. m 的文件，如果没有，则执行下一步。

（4）按顺序检查所有 Matlab 搜索路径中是否存在 variable. m 文件。

（5）如果到目前为止还没有找到这个 variable，Matlab 就给出一条错误信息。

Matlab 在执行输入指令时，都是基于上述搜索步骤完成的。符合条件则执行，否则操作下一步，直至最后如果没有符合条件则报错。一般情况下，Matlab 系统的函数包括工具箱函数，都是在系统默认的搜索路径之中，但是用户设计的函数如果没有被保存到搜索路径下，则很容易造成 Matlab 误认为该函数不存在。这时，只要把程序所在的目录扩展成 Matlab 的搜索路径即可。具体步骤如下：

（1）单击 Matlab 主界面中的"主页"选项卡→"环境"面板→"设置路径"按钮，或者在命令行窗口中输入"pathtool"命令，打开"设置路径"对话框。窗口列出了已被 Matlab 添加到搜索路径的文件目录。通过该窗口可对文件搜索目录进行添加、删除排序等操作。此外，在命令行窗口中输入命令"path"，Matlab 将会把所有的搜索路径列出。

（2）在命令行窗口中输入：

Path(path,' path ')　　　% ' path '是待添加的目录的完整路径

（3）在命令行窗口中输入：

addpath ' path ' -begin　　% ' path '是待添加的目录的路径，将新目录添加到搜索路径的开始
addpath ' path ' -end　　　% ' path '是待添加的目录的路径，将新目录添加到搜索路径的末端

1.4　Matlab 帮助系统

1.4.1　帮助窗口

进入帮助窗口可以通过以下两种方法：（1）单击 Matlab 工具栏中的"Help"按钮；（2）在命令窗口中输入 helpwin、helpdesk 或 doc。

进入帮助窗口后，用户可以查询 Matlab 所有的产品帮助信息。contents 选项卡中提供了 Matlab 和所有工具箱的在线文档的内容；index 选项卡提供了所有在线帮助条目的索引；search 选项卡允许用户在在线文档中进行搜索；demo 选项卡则提供了 Matlab 演示函数命令的接口。

1.4.2　Matlab 的帮助命令

1.4.2.1　help 命令

在 Matlab 命令窗口中直接输入 help 命令将会返回当前帮助系统中所包含的所有项目，即搜索路径中所有的目录名称。也可以通过 help 加特定函数名、命令名称、类型名来返回特定函数、命令、分类的帮助说明。

1.4.2.2　lookfor 命令

在命令窗口输入 lookfor 命令会对搜索范围内的 M 文件进行关键字搜索，通常 lookfor 命令只对 M 文件的第 1 行进行关键字搜索，返回所有匹配的第 1 行帮助行。若在 lookfor 命令后加上 -all 选项，则可对 M 文件进行全文搜索。

1.4.3　Internet 资源

Math Works 公司（Matlab 的制造商）的网站是互联网上排名在前 100 名的商业网站，该网站经常发布、更新 Matlab 各个方面的信息，网站上有两个非常有用的工具：一个是解决方案搜索引擎（solution search engine），另一个是 Matlab 中心（Matlab central）。有兴趣的读者可以到该网站上查阅相关内容。

1.5 M 文 件

Matlab 通常有两种工作方式：一种是交互式的命令行工作方式，即 Matlab 被当作一种高级 "数学演算纸和图形表现器" 来使用，在命令窗口逐条输入命令，Matlab 逐条解释执行。另一种是 M 文件的程序工作方式，即将要执行的所有命令编写成一个 Matlab 程序储存在一个 .m 文件（称 M 文件）中，当需要运行该程序时，Matlab 就会自动依次执行该文件中的命令，直至全部命令执行完毕。

1.5.1 常量和变量

1.5.1.1 常量

常量是程序语句中值不变的那些量。在 Matlab 中，系统默认给定一个符号来表示某些特定常量，这些常量也被称为系统预定义的变量。Matlab 中常用的常量见表 1.4。

表 1.4 Matlab 中常用的常量

常量符号	含　义
i 或 j	虚数单位，定义为 $i^2 = j^2 = -1$
Inf 或 inf	正无穷大，由零作为除数引入此常量
NaN	不定式，表示非数值量
Pi	圆周率 π 的双精度表示
Eps	容差变量，当某量的绝对值小于 eps 时，认为此量为零，即浮点数最小分辨率，在计算机中此值为 2^{-52}
Realmin 或 realmin	最小浮点数为 2^{-1022}
Realmax 或 realmax	最大浮点数为 2^{1023}

1.5.1.2 变量

在程序运行过程中，其值可以改变的量称为变量，变量用变量名表示。在 Matlab 中，变量名的命名规则如下：

（1）变量名必须以字母开头，且只能由字母、数字或下划线 3 种符号组成，不能有空格；

（2）变量名区分字母的大小写，字母大小写代表不同的变量；

（3）变量名不能超过 63 个字符，第 63 个字符后的字符会被忽略；

（4）变量名不能取 Matlab 中关键字（如 if、while 等）。

1.5.1.3 工作空间与变量的作用域

事实上，一个正在运行中的 Matlab 有多个工作空间。其命令窗口所使用的工作空间又称为基础工作空间。除了命令窗口，每个 Matlab 函数也都拥有专有的函数工作空间。不管是基础工作空间还是函数工作空间，实际上都是由 Matlab 所管理的内存区域。命令窗口或函数可以在各自的工作空间中创建、修改和删除变量，一般情况下，当函数执行完毕返回时，它所拥有的函数工作空间将被释放，其中的变量也会一同被销毁，而基础工作空间将在 Matlab 退出时被释放。不同的工作空间一般是相互隔绝的，互不影响。

1.5.1.4　局部变量

在各自专有工作空间中产生、使用、运行的变量即为局部变量，局部变量只存在各自专有工作空间中，对于其他工作空间而言，这些局部变量根本就不存在，即使具有相同的变量名，程序在使用这些变量时，只会在当前的工作空间中寻找它们，而不会试图在其他的工作空间中搜索同名变量。

1.5.1.5　全局变量

全局变量拥有自己单独的工作空间，这个工作空间既不是基础工作空间，也不是函数的专有工作空间，而是对需要访问它的所有函数和命令窗口都开放的一个变量工作空间。如果要将某个变量作为全局变量来使用，首先必须在函数或命令窗口中利用 global 关键字声明该变量为全局变量。如果没有对其进行声明，同名变量仍是一个局部变量，且与该全局变量无关。

1.5.2　脚本文件和函数文件

1.5.2.1　M 文件的概述

用 Matlab 语言编写的程序称为 M 文件。M 文件有两类：脚本文件（Script File 文件）和函数文件（Function File 文件）。它们的扩展名均为 . m，两者区别在于：

（1）脚本文件没有输入参数，也不返回输出参数；而函数文件可以输入参数，也可以返回输出参数。

（2）脚本文件对 Matlab 工作空间中的变量进行操作，文件中所有脚本的执行结果也完全返回工作空间中；而函数文件中定义的变量为局部变量，当函数文件执行完毕时，这些变量被清除。

（3）脚本文件可以直接运行，在 Matlab 命令中直接输入脚本文件的名字；而函数文件不能直接运行，要以函数调用的方式来调用它。

1.5.2.2　M 文件的建立与编辑

通常，M 文件是文本文件，因此可使用一般的文本编辑器编辑 M 文件，存储时以文本模式存储。Matlab 内部自带了 M 文件编辑器与编译器，选择主页→文件→新建→脚本/函数命令，即可打开 M 文件编辑器，在完成对 M 文件内容输入后，选择保存按键即可保存文件。

1.5.2.3　脚本 M 文件

脚本 M 文件也称为命令文件，它在命令行窗口中输入并执行，没有输入参数，也不返回输出参数，只是一些命令行的组合。它与批处理文件很类似，在 Matlab 命令行窗口中直接输入此文件的主文件名，Matlab 就可逐一执行此文件内的所有命令。脚本 M 文件可对工作区中的变量进行操作，也可生成新的变量。脚本 M 文件运行结束后，产生的变量仍将保留在工作区中，同时其他脚本文件和函数也可以共享这些变量，保存在工作空间的变量直到 Matlab 关闭或用相关命令清除才会被删除。

1.5.2.4　函数 M 文件

函数文件是 M 文件的另一种类型，也是由 Matlab 语句构成的文本文件，并以 . m 为扩展名。Matlab 的函数文件必须以关键字 function 语句引导，其基本结构为：

（1）函数声明行。function［输出参数 1，输出参数 2，…］＝function name（输入参数 1，输入参数 2，…），输入和输出（返回）的参数个数分别由 nargin 和 nargout 两个 Matlab 保留的变量给出。

（2）第 1 行帮助行。第 1 行帮助行以%开头，即第 1 注释行（H1），作为 lookfor 指令关键字的搜索行。

（3）帮助文本区。函数体的说明、变量调用说明及有关注解以%开头，作为 M 文件的帮助信息。

（4）函数体语句。函数体语句包括所有实现该 M 函数文件功能的 Matlab 指令、接受输入变量、程序流控制。

除输出和输入变量这些在 function 语句中直接引用的变量以外，函数体内使用的所有变量都是局部变量，即在该函数返回之后，这些变量会自动在 Matlab 的工作区中清除。如果希望这些中间变量在整个程序中都起作用，则可以将它们声明为全局变量。令行窗口中输入"help 函数主文件名"，即可看到这些帮助信息。

1.5.2.5 函数文件注意事项

函数文件注意事项包括：

（1）函数名由用户自定义，其命名规则与变量的命名规则相同。

（2）保存的文件名必须与定义的函数名一致。

（3）可通过输出参数及输入参数实现函数参数的传递，但输出参数和输入参数并不是必需的。输入参数如果多于 1 个，则应该用方括号"［ ］"将它们括起来，输入参数列表必须用小括号"（ ）"括起来（即使只有一个输入参数）。

（4）如果函数较复杂，则正规的参数格式检测是必要的。如果输入参数或返回参数的格式不正确，则应该给出相应的提示。

（5）与一般高级语言不同的是，函数文件末尾处无须使用 end 命令。

1.6 Matlab 的结构化程序设计

1.6.1 赋值语句

1.6.1.1 直接赋值语句

直接赋值语句的基本格式为赋值变量＝赋值表达式。其中，等号右边的赋值表达式由变量名、常数、函数和运算符构成，如果等号右边的赋值表达式是字符串，则字符串应加单引号，直接赋值语句把赋值表达式的值直接赋给了赋值变量；如果省略左边的赋值变量和等号，则表达式运算结果默认赋值给系统保留变量 ans，同时返回值显示在 Matlab 的命令窗口中。

1.6.1.2 函数调用语句

函数调用语句的基本结构为［返回变量列表］＝函数名（输入变量列表）。等号右边的函数名对应一个存放在合适路径中的 M 文件。返回变量列表和输入变量列表均可由若干变量名组成。如果返回变量个数大于 1，则它们之间应该用逗号或空格进行分隔；如果输入变量个数大于 1，则它们之间只能用逗号进行分隔。

1.6.2 建立数学模型

客观存在的事物及其运动状态统称为实体或对象，对实体特征及变化规律的近似描述或抽象就是模型，用模型描述实体的过程称为建模或模型化。数学模型是系统某种特征的本质数学表达式，即用数学式子模拟所研究的客观对象或系统在某一方面的运行规律。一个理想的数学模型必须既能反映系统的全部主要特征，在数学上又易于处理[2]。也就是说，它必须满足以下两点：

（1）可靠性。在允许的误差值范围内，它能反映出该系统有关特性的内在联系。

（2）适用性。它必须易于数学处理和计算。

为了避免在编程过程中出现大量的错误，下面介绍标准的编程步骤，即自上而下的编程方法。具体步骤如下：

（1）清晰地陈述要解决的问题；

（2）定义程序所需的输入参数和产生的输出参数；

（3）确定设计程序时采用的算法；

（4）把算法转化为编写代码；

（5）检测 Matlab 程序。

1.6.3 Matlab 程序流程控制

Matlab 程序有顺序、分支、循环等程序结构。

1.6.3.1 顺序程序结构

顺序程序结构的程序从程序的首行开始，逐行顺序往下执行，直到程序最后一行，大多数简单的 Matlab 程序采用这种程序结构。

1.6.3.2 分支程序结构

分支程序结构根据执行条件满足与否，来确定执行方向。在 Matlab 中，通过 if-else-end 语句、switch-case-otherwise 语句来实现。

A　if、else、elseif 语句

if 条件语句用于选择结构，其格式有以下几种。

```
if  逻辑表达式
    执行语句
end
if  逻辑表达式
    执行语句 1
else
    执行语句 2
end
```

如果逻辑表达式的值为真，则执行执行语句 1，然后跳过执行语句 2，向下执行；如果为假，则执行执行语句 2，然后向下执行。

```
if    逻辑表达式 1
    执行语句 1
elseif    逻辑表达式 2
        执行语句 2
end
```

如果逻辑表达式 1 的值为真，则执行执行语句 1；如果为假，则判断逻辑表达式 2，如果为真，则执行执行语句 2，否则向下执行。if 条件语句可以嵌套使用，但是，必须注意 if 语句和 end 语句成对出现。

B　switch 语句

switch 语句基本格式为：

```
Switch    表达式    %可以是标量或字符串
    case 值 1
        语句 1
    case 值 2
        语句 2
        …
    otherwise
        语句 3
end
```

表达式的值和哪种情况的值相同，就执行哪种情况下的语句，如果不同，则执行 otherwise 中的语句。格式中也可以不包括 otherwise，这时如果表达式的值与列出的各种情况都不相同，则继续向后执行。

1.6.3.3　循环程序结构

循环程序结构包括一个循环变量，循环变量从初始值开始，每循环一次就执行一次循环体内的语句，执行后，循环变量以特定函数变化，直到循环变量不满足循环的判定条件为止。常用的循环有 for 和 while 循环。

A　for 循环

for 循环语句常用于循环次数确定的情况，其格式为：

```
for 循环变量 = 起始值：步长：终止值
    循环体
end
```

步长默认值为 1，可以在正实数或负实数范围内任意指定。对于正实数，循环变量的值大于终止值时，循环结束；对于负实数，循环变量的值小于终止值时，循环结束。for 语句允许嵌套。在程序里，每一个 for 关键字必须和一个 end 关键字配对，否则程序执行将会出错。

B　while 循环语句

while 循环语句的基本格式为：

```
while 表达式
    循环体
end
```

若表达式为真，则执行循环体的内容，执行后再判断表达式是否为真；若假，则跳出循环体，向下继续执行。在 while 语句的循环中，可用 break 语句退出循环。

1.6.4   其他流程控制语句

除了上述结构语句，Matlab 还提供了 break、continue 和 return 等语句，它们同样也具有改变流程走向的作用。

（1） break 语句。break 语句若判定条件为真则直接跳出当前所在的循环结构层，略过当前循环层内 break 语句之后的剩余语句直接执行当前循环层的外层代码。

（2） continue 语句。continue 语句若判定条件为真则省略所在循环层中 continue 语句之后的循环体部分，直接进行下一轮循环。

（3） return 语句。return 语句若判定条件为真则直接省略函数的所有剩余代码，从函数返回到主程序处，并继续执行主程序在该函数之后的语句。

1.6.5   Matlab 程序基本设计原则

Matlab 程序基本设计原则如下：

（1）% 后面的内容是程序的注解，善于运用注解会使程序更具可读性。

（2） 养成在主程序开头用 clear 指令清除变量的习惯，以消除工作区中其他变量对程序运行的影响，但注意在子程序中不要用 clear。

（3） 参数值要集中放在程序的开始部分，以便维护。要充分利用 Matlab 工具箱提供的指令来执行所要进行的运算，在语句行之后输入分号使其及中间结果不在屏幕上显示，以提高执行速度。

（4）input 指令可以用来输入一些临时的数据，对于大量参数，则通过建立一个存储参数的子程序，在主程序中通过子程序的名称来调用。

（5） 程序尽量模块化，即采用主程序调用子程序的方法，将所有子程序合并在一起来执行全部的操作。

（6） 充分利用 Debugger 来进行程序的调试（设置断点、单步执行、连续执行），并利用其他工具箱或图形用户界面（GUI）的设计技巧将设计结果集成到一起。

（7） 设置好 Matlab 的工作路径，以便程序运行。.

Matlab 程序的基本组成结构如下：

（1）% 后跟程序说明。

（2） 清除命令。清除 Workspace 中的变量和图形（clear，close）。

（3） 定义变量。包括全局变量的声明及参数值的设定。

（4） 逐行执行命令。指编写运算指令或使用工具箱提供的专用命令。

（5） 控制循环。包含 for、if、then、switch、while 等语句逐行执行命令。

（6） end。

（7）绘制命令。绘制命令是将运算结果绘制出来。

当然，更复杂的程序还需要调用子程序，或者与 Simulink 及其他应用程序相结合。

1.7 Matlab 函数

1.7.1 算术运算符

不同的运算符具有不同的运算优先级，对于同优先级的运算符，Matlab 将按照从左至右的顺序加以处理。Matlab 中运算符的优先级见表 1.5。

表 1.5 Matlab 运算符的优先级

优先级	运算符	说明
1（最高级）	( )	括号，改变优先次序
2	.'	矩阵转置
	'	矩阵共轭转置
	.^	逐元素乘方
	^	矩阵乘方
3	+、-	正、负号
	~	逻辑非
4	.*	逐元素乘法
	./ .\	逐元素除法（右除，左除）
	*	矩阵乘法
	/ \	矩阵右除、左除
5	+ -	加、减法
6	:	冒号运算符
7	< <= > >= == ~ =	关系运算符
8	&	逐元素逻辑与
9	|	逐元素逻辑或
10	&&	"短路型"逻辑与
11	||	"短路型"逻辑或

1.7.2 初等函数

Matlab 中具体的初等函数见表 1.6~表 1.11。

表 1.6 三角函数与反三角函数

三角函数		反三角函数	
以弧度 x 为单位输入	以度 x 为单位输入	以弧度 x 为单位输出	以度 x 为单位输出
sin（x）	sind（x）	asin（x）	asind（x）

续表 1.6

三角函数		反三角函数	
以弧度 x 为单位输入	以度 x 为单位输入	以弧度 x 为单位输出	以度 x 为单位输出
cos（x）	cosd（x）	acos（x）	acosd（x）
tan（x）	tand（x）	atan（x）	atand（x）
cot（x）	cotd（x）	acot（x）	acotd（x）
sec（x）	secd（x）	asec（x）	asecd（x）
csc（x）	cscd（x）	acsc（x）	acscd（x）

表 1.7　其他函数

函数	说　明
atan2（y，x）	两个输入参数的反正切函数，结果为 arctan（y/x），值域为（$-\pi$，π]
atan2d（y，x）	两个输入参数的反正切函数，结果为 arctan（y/x），值域为（$-180°$，$180°$]
rad2deg（x）	将弧度单位角转换为度单位角
deg2rad（x）	将度单位角转换为弧度单位角
pi	返回圆周率 π 的值

表 1.8　双曲函数

函数	说明	函数	说明
sinh（x）	双曲正弦函数	asinh（x）	反双曲正弦函数
cosh（x）	双曲余弦函数	acosh（x）	反双曲余弦函数
tanh（x）	双曲正切函数	atanh（x）	反双曲正切函数
coth（x）	双曲余切函数	acoth（x）	反双曲余切函数
sech（x）	双曲正割函数	asech（x）	反双曲正割函数
csch（x）	双曲余割函数	acsch（x）	反双曲余割函数

表 1.9　复数相关的函数

函数	说　明
abs（x）	复数 x 的模，x 为实数时即其绝对值
angle（x）	复数 x 的幅角
complex（a，b）	以 a 为实部，b 为虚部产生的复数
conj（x）	复数 x 的共轭虚数
real（x），imag（x）	分别获取复数 x 的实部与虚部
isreal（x）	当 x 为实数时，返回 1；否则，返回零
i，j	返回虚单位 $\sqrt{-1}$

表 1.10 指数函数与对数函数

函数	说　明
exp（x）	指数函数 e^x
log（x）	自然对数函数 $\ln x$
log10（x）	常用对数函数 $\lg x$
$\log_2$（x）	以 2 为底的对数函数 $\log_2 x$
sqrt（x）	平方根 $\sqrt{x}$，支持复数值，当 $x<0$ 时返回一个虚数
nthroot（x，n）	x 的实 n 次方根 $\sqrt[n]{x}$（x，n 都需取实数），如果这个实 n 次方根不存在，那么函数将会提示错误信息
pow2（x）	2^x
nextpow2（x）	满足 $2^p \geqslant x$ 的最小整数 p

表 1.11 圆整和求余函数

函数	说　明
floor（x）	向下取整，求取不大于 x 的最近整数
ceil（x）	向上取整，求取不小于 x 的最近整数
round（x）	按四舍五入取整
fix（x）	向零取整，求取绝对值不大于 $\lvert x \rvert$ 的最近整数
mod（x，y）	求余，当 $y \neq 0$ 时，mod（x，y）返回 $x - \text{floor}(x/y)$，与 y 同号
rem（x，y）	求余，当 $y \neq 0$ 时，rem（x，y）返回 $x - \text{fix}(x/y)$，与 x 同号
sign（x）	符号函数，当 $x<0$ 时，其值为 -1；当 $x=0$ 时，其值为零；当 $x>0$ 时，其值为 1

1.7.3 局部函数

一个函数 M 文件中可包含多个函数。这些函数中的第 1 个，即 function 定义行最先出现的那个，称为函数 M 文件的主函数，其余的函数称为局部函数或子函数。在脚本 M 文件中也能定义局部函数，但必须出现在脚本代码之后。

局部函数仅对所在文件内的其他代码可见，对脚本 M 文件或函数 M 文件的调用者而言，局部函数并不存在，因此也不能直接通过局部函数名进行调用。一般而言，如果一个脚本 M 文件或函数 M 文件是为完成一个完整且不宜分割的任务，那么在这个文件内部，因为代码结构化而组织起来的函数模块就可以作为局部函数。如果部分函数模块在脱离了该文件之后也仍然有复用的可能或必要，那么将这部分代码放置在单独的函数 M 文件中更为恰当。

局部函数和主函数一样，拥有自己独立的私有函数工作空间，局部函数中的变量在没有进行额外声明的情况下，也仍然是局部变量。

当文件中包含局部函数时，可以用两种方法来明确每个函数的代码范围：

（1）可以使用与 function 配对的 end 关键字来表明函数体的结束。主函数和局部函数均以 function 关键字开始的函数定义行作为起始，一直到与之配对的 end 关键字出现时为止。需要注意的是，一旦采用这种方式来表明函数代码范围，文件中包括主函数在内的所有函数都必须统一使用这种方式。

（2）如果没有与 function 配对的 end 关键字，那么从当前函数的定义行开始，到下一个函数的定义行出现之前，都属于当前函数的代码范围。

1.7.4 函数在不同工作空间之间的共享数据

在默认情况下函数和命令窗口中的变量都是局部变量，相互之间无影响。但对实际编程来说，必须要与其他函数或命令窗口进行交互获得完成计算所需的数据。因此，需要数据之间具有共享机制。

1.7.4.1 传递参数

通过函数的输入/输出参数来与其他函数或命令窗口交互数据，利用函数的输入/输出参数进行数据交互，可以将函数与外界的数据交互清晰、明确、可见地公开在函数接口中，同时被函数的开发者和函数的使用者所了解。

1.7.4.2 嵌套函数

嵌套函数是函数体内定义的函数，或者是被另一个函数完全包含的函数。在函数 M 文件中，任何函数都可以包含嵌套函数。

嵌套函数与其他类型函数的一个主要的区别是，嵌套函数在某种程度上与包含它的"父函数"共享函数工作空间，如果在"父函数"中显式定义和使用了某个变量，那么嵌套函数中的同名变量就是嵌套函数与"父函数"共享的变量，为嵌套函数与"父函数"提供了一种输入/输出参数以外的数据共享途径。

嵌套函数的使用受到以下约束：

（1）若要在函数 M 文件中嵌套任何函数，则该文件中的所有函数都必须使用 end 表示函数体的结束；

（2）不能在任何程序流程控制结构内定义嵌套函数，包括 if 结构、switch 结构、while 结构、for 结构和 try 结构；

（3）必须按函数名直接调用嵌套函数；

（4）嵌套函数及其"父函数"中的所有变量都必须显式定义。

1.7.4.3 持久变量

Matlab 中的持久变量类似于其他编程语言中的静态变量。要使一个变量成为持久变量，需要在使用变量前用 persistent 关键字进行声明。持久变量将被初始化为空数列，之后持久变量的值将被保持。也就是说，当变量所在的函数再次被调用时，该变量的值将仍然维持上一次函数调用结束时的值。对于普通的局部变量而言，函数结束时它们将会被销毁，而在函数再次执行时将重新被初始化。

1.7.5 函数优先顺序与路径

Matlab 是一个庞大的软件工具，它不仅有数量众多的内建函数，还有数量庞大的工具箱函数，这些函数几乎无法保证不发生重名的情况。因此，Matlab 需要有一个明确的机制来解释这个标识符。按优先级别从高到低的顺序如下：

（1）如果在当前工作空间中存在同名变量，Matlab 将把标识符解释为这个变量；

（2）名称与显式导入的名称相匹配的函数或类；

（3）当前函数内的嵌套函数；

（4）当前文件内的局部函数；

（5）利用通配符导入的函数或类；

（6）私有函数即是当前运行文件所在的文件夹中名为 private 的子文件夹中的函数；

（7）对象函数要求其输入参数具有指定的数据类型；

（8）加载的 Simulink 模型；

（9）当前文件夹中的函数；

（10）Matlab 路径中其他位置的函数，按该路径在路径列表中出现的先后顺序优先选择靠前者。

在寻找与标识符相匹配的函数时，Matlab 总是在当前目录和 Matlab 路径中列举的目录及这些目录之下特定的子目录中寻找。因此，如果一个函数文件没有保存在这些位置，在调用时就将出现函数未定义的错误。

1.8　Matlab 程序的调试

1.8.1　调试

事实上，程序开发者几乎不太可能一次就能写出正确的代码，也几乎无法断言程序是否正确，而只能依赖大量的测试，尽可能覆盖程序在使用过程中可能遇到的问题。前面介绍了如何完成基本的 Matlab 程序编写，本节将介绍对 Matlab 程序的调试方法，用来解决程序中遇到的错误。

通常情况下，错误可分为两种：语法错误和逻辑错误。

语法错误一般是指变量名与函数名的误写、标点符号的缺漏、end 的漏写等，对于这类错误，Matlab 在运行时一般都能发现，系统会终止执行并报错，用户很容易发现并改正。有一种语法错误例外，它是出现在 GUI 回调字符串中的语法错误。如果用户将 GUI 回调字符串拼写错误，但这些字符串错误在 GUI 运行的过程中不被执行，那么 Matlab 无法发现这些错误，直到字符串本身被执行才会检测到错误。当创建和调试 M 文件时，用户也可以使用 mlint 函数来分析 M 文件中的语法错误。

逻辑错误可能是程序本身的算法问题，也可能是用户对 Matlab 的指令使用不当而导致最终获得的结果与预期值偏离。这种错误发生在运行过程中，影响因素比较多，而这时函数的工作空间已被删除，调试起来比较困难。

1.8.2　直接调试法

Matlab 本身的运算能力较强，指令系统比较简单，因此，程序一般都显得比较简洁，对于简单的程序，采用直接调试法往往还是很有效的。通常采取的措施如下。

（1）通过分析，将重点怀疑语句后的分号删掉，将结果显示出来，然后与预期值进行比较。

（2）当单独调试一个函数时，将第1行的函数声明注释掉，并定义输入变量的值，然后以脚本方式执行此 M 文件，这样就可保存原来的中间变量了，从而可以对这些结果进行分析，找出错误。

（3）可以在适当的位置添加输出变量值的语句。

（4）在程序的适当位置添加 keyboard 指令。当 Matlab 执行至此处时将暂停，并显示 K>>提示符，用户可以查看或改变各个工作空间中存放的变量，在提示符后键入 return 指令，可以继续执行原文件。

对于文件规模大、相互调用关系复杂的程序，采用直接调试法是很困难的，这时可以借助 Matlab 的专门工具调试器进行调试，即工具调试法。

1.8.3　工具调试法

对于大型程序，直接调试已经不能满足调试要求，此时可以考虑采用工具调试法。所谓工具调试法，是指利用 Matlab 的 M 文件编辑器中集成的程序调试工具对程序进行调试。

工具调试法的步骤如下。

（1）准备文件。最好将需要调试的文件单独放置到新的文件夹中，并将该文件夹设置为工作目录；使用 M 文件编辑器打开文件。

（2）在调试前，如果对文件有所改动，那么应该及时保存，保存后才能安全地进行调试。

（3）单击 Run 按钮对程序进行试运行，查看程序的运行情况。

（4）设置断点。断点的类型包括标准断点、条件断点和错误断点。

（5）在断点存在的情况下运行程序，会在命令行窗口中出现 K>>提示符。在程序运行过程中碰到断点时，会在 M 文件编辑器和命令行窗口中给出提示。

（6）检查变量的值。根据这些值判断程序当前的正误情况。

（7）按需要单击 M 文件编辑器的 Continue、Step、Step In、Step Out 等按钮。

（8）结束调试，修改程序，然后继续上述步骤，直至程序完美。

工具调试的具体调试方法有以命令行为主的程序调试和以图形界面为主的程序调试。

1.8.3.1　以命令行为主的程序调试

以命令行为主的程序调试主要应用 Matlab 提供的调试命令来调试程序。在命令行窗口中输入 help debug，可以看到一个对这些命令的简单描述，利用这些命令，可以在调试过程中设置、清除和列出断点，逐行运行 M 文件，在不同的工作区检查变量，跟踪和控制程序的运行，帮助寻找和发现错误。一些程序调试的命令和作用见表 1.12。

表 1.12　程序调试的命令和作用

命　令	作　用
dbstop in fname	在 M 文件 fname 的第一可执行程序上设置断点
dbstop at r in fname	在 M 文件 fname 的第 r 行程序上设置断点
dbstop if x	当遇到条件 x 时，停止运行程序

命 令	作 用
dstop if warning	如果有警告，则停止运行程序
dbclear at r in fname	清除文件 fname 的第 r 行断点
dbclear all in fname	清除文件 fname 中所有断点
dbclear all	清除 M 文件中所有断点
dbclear in fname	清除文件 fname 第一可执行程序上所有断点
dbclear if x	清除第 x 行由 dbstop if x 设置的断点
dbstatus fname	显示存放在 dbstatus 中用分号隔开的行数信息
mdbstatus	运行 M 文件的下一行程序
dbstep	运行 M 文件的下一行程序
dbstep n	执行下 n 行程序，然后停止
dbstep in	在下一个调用函数的第一可执行程序处停止运行
dbcont	执行所有行程序，直至遇到下一个断点或到达文件末尾
dbquit	退出调试模式

设置断点是程序调试中最重要的部分，可以利用它指定程序代码的断点，使 Matlab 在断点前停止执行，从而可以检查各个局部变量的值。Matlab 进入调试模式，命令行中出现 K>>的提示符，代表此时可以接受键盘输入。

1.8.3.2 以图形界面为主的程序调试

M 文件编辑器同样也是程序的编译器，用户可以在编写完程序后直接对其进行调试，更加方便和直观。新建一个 M 文件后，即可打开 M 文件编辑器，在"编辑器"选项卡的"运行"选项组及"断点"选项组中可以看到各种调试命令。

各调试选项卡的命令含义如下。

（1）步进：单步执行，与调试命令中的 dbstep 相对应。

（2）步入：深入被调函数，与调试命令中的 dbstep in 相对应。

（3）步出：跳出被调函数，与调试命令中的 dbstep out 相对应。

（4）继续：连续执行，与调试命令中的 dbcont 相对应。

（5）运行到光标处：运行到光标所在的行。

（6）退出调试：退出调试模式，与 dbquit 相对应。

各断点选项卡的命令含义如下。

（1）全部清除：清除所有断点，与 dbclear all 相对应。

（2）设置/清除：设置或清除断点，与 dbstop 和 dbclear 相对应。

（3）启用/禁用：允许或禁止断点。

（4）设置条件：设置或修改条件断点，选择此选项时，要求对断点的条件做出设置，设置前光标在哪一行，设置的断点就在这一行前。

只有当文件进入调试状态时，上述命令才会全部处于激活状态。在调试过程中，可以通过改变函数的内容来观察和操作处于不同工作空间中的量，类似于调试命令中的 dbdown 和 dbup。

复习思考题

1.1　请计算下列算式的值，按算式的原样编写 Matlab 命令并计算。

(1) $\sqrt{7.8^2 - 4 \times 12 \times 0.265}$。

(2) $5.5^{3.6 \times 2}$。

1.2　绘制如下函数的足够光滑的曲线，其中 x 的取值范围是 $[0.5, 2]$。

$$f(x) = \frac{2\pi^4}{y^3} \cdot \frac{\sinh y + \sin y}{\cosh y - \cos y}, \quad y = \sqrt{2}\pi x$$

1.3　某商场举办促销活动，根据顾客购买商品的总金额 P 给予相应的折扣，促销折扣计算方法见表 1.13。此外，每次购物的折扣最高为 1500 元封顶。请编写一个 Matlab 程序，用于实现函数 discount 功能，输入值为购物总金额 P，输出值依次为折扣金额 d 和实付金额 C。所有金额均四舍五入保留两位小数。请自行使用不同的输入值测试函数。

表 1.13　折扣计算方法

购物总金额/元	折扣/%
$P < 200$	0
$200 \leqslant P < 500$	5
$500 \leqslant P < 1000$	7
$1000 \leqslant P < 2500$	10
$2500 \leqslant P$	15

1.4　绘制以下三维曲面。

(1) $z = 0.5(x^4 \pm y^4)$　$x, y \in [-3, 3]$。

(2) $z = \sin(2\pi a x y)$，$a = 3$，$x, y \in [-1, 1]$。

2 Matlab 矩阵及其运算

2.1 Matlab 的特殊量

2.1.1 特殊变量

在 Matlab 中，有一些特殊变量/常量已经预先进行了定义，这些特殊变量可以随时使用，不用初始化。例如，用符号 INF 或 inf 表示无穷大。一些常见的特殊变量见表 2.1。

表 2.1 系统默认的特殊变量

特殊变量/常量	说　明
ans	未定义变量名时用于储存计算结果的默认变量名
pi	圆周率 π
i 或 j	复数单位，−1 的平方根
INF 或 inf	无穷大值
eps	浮点运算的相对精度
realmax	最大的正浮点数
realmin	最小正浮点数
NaN	不定量
nargin	函数输入参数个数
nargout	函数输出参数个数
lasterr	返回最新的错误信息
lastwarn	返回最新的警告信息

特殊变量的预定义值能够被覆盖或改写，如果一个新值赋值于其中的一个特殊变量，那么这以后的计算中新值将会替代默认值。

2.1.2 关键字

关键字是 Matlab 程序设计中常用到的流程控制变量，共有 20 个，如果用户将这些关键字作为变量名，则 Matlab 会出现错误提示。在命令行窗口中输入命令 iskeyword，即可查询这 20 个关键字。

2.2 Matlab 变量

2.2.1 变量的命名规则

Matlab 对变量的命名有如下规则：

（1）变量名的长度不超过 31 位，超过 31 位的字符，系统将忽略不计。

（2）变量名区分大小写，例如变量名 A 和 a 是不同的。

（3）变量名必须以字母开头，变量名中可以包含字母、数字和下划线。

（4）不能使用 Matlab 中的关键字作为变量名。

（5）可以通过 isvarname（ ）函数验证用户指定的变量名是否为 Matlab 的合法变量名（返回值为 1 表示合法，为零表示不合法）。

2.2.2 变量的定义与赋值

一般情况下，Matlab 的变量不需要先定义后使用，而是可以直接使用。在赋值过程中，Matlab 会自动根据实际赋值的类型对变量类型进行定义。

Matlab 中有 15 种基本数据类型，主要包括整型、浮点、逻辑、字符、日期和时间、结构数组等，见表 2.2。

表 2.2 Matlab 的基本数据类型

类　型	类型或声明函数
整型	int8；uint8；int16；uint16；int32；uint32；int64；uint64
浮点	single；double
逻辑	logical
字符	char
日期和时间	date
结构型	struct
元胞型	cell
符号型	sym 或 syms

2.2.3 变量的显示

Matlab 系统中数据的存储和计算都是以双精度进行的，可以利用菜单或 format 命令来调整数据的显示格式，见表 2.3。

表 2.3 Matlab 的数据显示格式

命　令	类型或声明函数
format	format short	5 位定点表示
format long	15 位定点表示
format short e	5 位浮点表示
format long e	15 位浮点表示
format short g	系统选择 5 位定点和 5 位浮点中更好的表示
format long g	系统选择 15 位定点和 15 位浮点中更好的表示
format rat	近似的有理数表示
format hex	十六进制表示

命　令	类型或声明函数
format bank	用元、角、分（美制）定点表示
format compact	变量之间没有空行
format loose	变量之间有空行

一般情况下，最简单的变量显示方式是直接在命令行输入变量名并按回车键，即可显示变量的具体内容。

2.2.4　变量的清除

将变量从内存中清除一般采用 clear 命令，该命令可以删除一个、多个和所有变量。

例 2.1　生成 3 个数值变量 a、b 和 c 并赋值，然后分别删除 a 变量、b 变量和 c 变量，最后删除所有变量。

```
a=1;b=2;c=3;        %创建三个变量
clear a             %从内存中删除 a 变量
clear b c;          %从内存中删除 b,c 变量
clear;              %从内存中删除所有变量
clear all;          %从内存中删除所有变量
```

2.3　Matlab 数组与矩阵

Matlab 中的所有数据都按照数组的形式进行存储和运算，数组的属性及数组之间的逻辑关系是编写程序时非常重要的两个方面。在 Matlab 平台上，数组的定义是广义的，数组的元素可以是任意数据类型，如数值、字符串等。矩阵是特殊的数组，在很多情况下都会遇到矩阵分析和线性方程组的求解等问题。

数组运算是 Matlab 计算的基础。由于 Matlab 面向对象的特性，使这种数值数组成为 Matlab 最重要的一种内建数据类型，而数组运算就是定义这种数据结构的方法。本节将系统地列出具备数组运算能力的函数名称，为兼顾一般性，以二维数组的运算为例。

2.3.1　数组的创建和操作

在 Matlab 中一般使用方括号、逗号、空格和分号来创建数组，数组中同一行的元素使用逗号或空格进行分隔，不同行之间用分号进行分隔。

在 Matlab 中还可以通过其他各种方式创建数组，具体如下所示。

2.3.1.1　冒号创建一维数组

通过冒号来创建一维数组，调用格式为：X = N1：step：N2，用于创建一维行向量 X，第一个元素为 N1，然后每次递增（step>0）或递减（step<0）step，直到最后一个元素与 N2 的差的绝对值小于等于 step 的绝对值为止。当不指定 step 时，系统默认 step = 1。

2.3.1.2   linspace( ) 函数创建一维数组

在 Matlab 中,可以通过函数 linspace( ) 建立一维数组,与冒号的功能类似。该函数的调用格式如下:

(1) X=linspace(X1,X2)。该函数创建行向量 **X**,第一个元素为 X1,最后一个元素为 X2,形成总共默认为 100 个元素的等差数列。

(2) X=linspace(X1,X2,N)。该函数创建行向量 **X**,第一个元素为 X1,最后一个元素为 X2,形成总共 N 个元素的等差数列,N 默认为 100。如果 $N<2$,该函数返回值为 X2。

2.3.1.3   函数 logspace( ) 创建一维数组

在 Matlab 中,可以通过函数 logspace( ) 建立一维数组,和函数 linspace( ) 的功能类似。该函数的调用格式如下:

(1) X=logspace(X1,X2)。该函数创建行向量 **X**,第一个元素为 10^{X1},最后一个元素为 10^{X2},形成总共默认为 50 个元素的等比数列。

(2) X=logspace(X1,X2,N)。该函数创建行向量 **X**,第一个元素为 10^{X1},最后一个元素为 10^{X2},形成共 N 个元素的等比数列,N 默认为 50。如果 $N<2$,该函数返回值为 10^{X2}。

2.3.1.4   创建二维数组

创建二维数组的方法和创建一维数组的方法类似。用方括号把所有的元素都括起来,不同行元素之间用分号分隔,同一行不同元素之间用逗号或空格进行分隔。需要注意的是,在创建二维数组时,必须保证每一行的元素数相等,而且每一列的元素数也相等。

2.3.2   数组的常见运算

数组的运算是从数组的单个元素出发,针对每个元素进行的运算。在 Matlab 中,一维数组的算术运算包括加、减、乘、左除、右除和乘方。

2.3.2.1   数组的加减运算

假定有两个数组 A 和 B,则可以由 A+B 和 A−B 实现数组的加减运算。运算规则是若数组 A 和 B 的维数相同,则可以执行加减运算,相应元素相加减。如果 A 和 B 的维数不相同,则 Matlab 将给出错误信息,提示用户两个数组的维数不匹配。

2.3.2.2   数组的乘法和除法

在 Matlab 中,数组的乘法和除法分别用“. *”和“./”表示。如果数组 A 和 B 具有相同的维数,则数组的乘法表示数组 A 和 B 中对应的元素相乘,数组的除法表示数组 A 和 B 中对应的元素相除。如 A 和 B 的维数不相同,则 Matlab 将给出出错信息,提示两个数组 A 和 B 的维数不匹配。数组 A 和 B 相乘的运算规则如下:

(1) 当参与相乘运算的两个数组 A 和 B 同维时,运算为数组的相应元素相乘,计算结果是与参与运算的数组同维的数组;

(2) 当参与运算的 A 和 B 中有一个是标量时,运算是标量和数组的每一个元素相乘计算结果,是与参与运算的数组同维的数组。

右除和左除的关系为:A. /B=B. \ A,其中 A 是被除数,B 是除数。

2.3.2.3   数组的乘方

在 Matlab 中,数组的乘方用符号“. ^”表示。数组的乘方运算有 3 种不同的形式:

（1）两个数组之间的乘方运算；

（2）数组的某个具体数值的乘方；

（3）常数的数组 A 的乘方。

2.3.2.4　点积

在 Matlab 中，可以采用函数 dot（）计算点积。点积运算产生的是一个数，并且要求两个数组的维数相同。

2.3.3　数组的关系运算

在 Matlab 中提供了 6 种数组关系运算符，即 <（小于）、<=（小于或等于）、>（大于）、>=（大于或等于）、==（恒等于）、~=（不等于）。

关系运算的运算法则如下。

（1）当两个比较量是标量时，直接比较两个数的大小。若关系成立，则返回的结果为 1，否则为零。

（2）当两个比较量是维数相等的数组时，逐一比较两个数组相同位置的元素，并给出比较结果。最终的关系运算结果是一个与参与比较的数组维数相同的数组，其组成元素为零或 1。

（3）当参与比较的一个是标量，另一个是数组时，则把标量与数组的每一个元素按标量关系运算规则逐个比较，并给出元素的比较结果。最终的关系运算结果是一个维数与原数组相同的数组，它的元素由零或 1 组成。

2.3.4　数组的逻辑运算

在 Matlab 中提供了 3 种数组逻辑运算符，即 &（与）、|（或）和 ~（非）。逻辑运算的运算法则如下。

（1）如果是非零元素则为真，用 1 表示；如果是零元素则为假，用零表示。

（2）设参与逻辑运算的是两个标量为 a 和 b，在 a&b 中，a、b 全为非零时，运算结果为 1，否则为零。在 a|b 中，a、b 中只要有一个非零，运算结果为 1。在 ~a 中，当 a 为零时，运算结果为 1；当 a 非零时，运算结果为零。

（3）若参与逻辑运算的是两个同维数组，那么运算将对数组相同位置上的元素按标量规则逐个进行。最终运算结果是一个与原数组同维的数组，其元素由 1 或零组成。

（4）若参与逻辑运算的一个是标量，一个是数组，那么运算将在标量与数组中的每个元素之间按标量规则逐个进行。最终运算结果是一个与数组同维的数组，其元素由 1 或零组成。

（5）在算术、关系、逻辑运算中，算术运算优先级最高，逻辑运算优先级最低。

2.3.5　矩阵的创建

矩阵的创建有多种方式，最简单的是在命令窗口中直接输入矩阵，适合创建比较小的矩阵。把矩阵的元素放到方括号里面，每行的元素用空格或逗号分隔，每列用分号分隔。

需要注意的是，每行的元素数必须相等，每列的元素数也必须相等。还可以通过语句和函数生成矩阵，如函数 eye( ) 用于生成单位矩阵。另外，还可以通过 M 文件来建立矩阵及从外部数据文件中导入矩阵，如通过函数 imread( ) 读取图片，从而得到图像数据的二维矩阵。

在 Matlab 中可以通过冒号获得子矩阵，具体如下：

A（:, j）表示取矩阵 A 第 j 列全部元素；

A（i,:）表示取矩阵 A 第 i 行全部元素；

A（i, j）表示取矩阵 A 第 i 行、第 j 列的元素；

A（i: i+m,:）表示取矩阵 A 第 $i\sim i+m$ 行的全部元素；

A（:, k: k+m）表示取矩阵 A 第 $k\sim k+m$ 列的全部元素；

A（i: i+m, k: k+m）表示取矩阵 A 第 $i\sim i+m$ 行内，并在第 $k\sim k+m$ 列中的所有元素。

此外，还可利用一般向量和 end 运算符表示矩阵下标，从而获得子矩阵。end 表示某一维的末尾元素下标。

2.4   Matlab 矩阵的运算和操作

2.4.1   矩阵的基本数值运算

2.4.1.1   矩阵的加减运算

假定有两个矩阵 A 和 B，则可以由 $A+B$ 和 $A-B$ 实现矩阵的加减运算，要求矩阵 A 和 B 的维数必须相同。矩阵的加法和减法是矩阵中对应元素加减。如果 A 和 B 中有一个为标量，则将矩阵中的每一个元素和该标量进行加减运算。

2.4.1.2   矩阵的乘法

在 Matlab 中，矩阵 A 和 B 的乘法为 A $*$ B，要求矩阵 A 的列数和矩阵 B 的行数必须相等。如果矩阵 A 为 $m\times s$ 的矩阵，B 为 $s\times n$ 的矩阵，则矩阵 A 和 B 的乘积为 $m\times n$ 的矩阵。

此外，矩阵 A 和 B 的点乘为 A. $*$ B，表示矩阵 A 和 B 中对应元素相乘，要求矩阵 A 和 B 具有相同的维数，返回结果和原矩阵也有相同的维数。如果 A 和 B 的维数不满足要求，系统会给出出错信息，提示两个数组的维数不匹配。

2.4.1.3   矩阵的除法

矩阵的除法是乘法的逆运算，分为左除和右除两种，分别用运算符号"\"和"/"表示。A \ B 表示矩阵 A 的逆矩阵乘以矩阵 B，A/B 表示矩阵 A 乘以矩阵 B 的逆矩阵。除非矩阵 A 和矩阵 B 相同，否则 A/B 和 A \ B 是不等价的。对于一般的二维矩阵 A 和 B，当进行 A \ B 运算时，要求 A 的行数与 B 的行数相等；当进行 A/B 运算时，要求 A 的列数与 B 的列数相等。

此外，还有矩阵的点除，用"./"或". \"表示，表示两个矩阵中对应元素相除。

2.4.1.4   矩阵的幂运算

当矩阵 A 为方阵时，可进行矩阵的幂运算，其定义为：$C = A^n = A \times A \times \cdots \times A(n$

个）。在 Matlab 中，使用运算符号"^"表示幂运算。矩阵 A 中每个元素的 n 次方，采用 A.^n 表示。

2.4.1.5 矩阵元素的查找

Matlab 中，函数 find（）的作用是进行矩阵元素的查找，它通常与关系函数和逻辑运算相结合。其调用格式如下：

（1）i = find（X）、该函数用于查找矩阵 X 中的非零元素，函数返回这些元素的单下标。

（2）[i,j] = find（X，…）。该函数用于查找矩阵 X 中的非零元素，函数返回这些元素的双下标 i 和 j。

2.4.1.6 矩阵元素的排序

Matlab 中，函数 sort（）的作用是按照升序排序，排序后的矩阵和原矩阵的维数相同。其调用格式如下：

（1）B = sort（A）。该函数对矩阵 A 进行升序排序（A 可为矩阵或向量）。

（2）B = sort（A,dim）。该函数对矩阵 A 进行升序排序，并将结果返回在给定的维数 dim 上按照升序排序。当 dim = 1 时，按照列进行排序；当 dim = 2 时，按照行进行排序。

（3）B = sort（…，mode）。该函数对矩阵 A 进行排序，mode 可指定排序的方式。ascend 指定按升序排序，为默认值；descend 指定按降序排序。

2.4.1.7 矩阵元素的求和

Matlab 中，函数 sum（）和 cumsum（）的作用是对矩阵的元素求和。其调用格式如下：

（1）B = sum（A）。该函数对矩阵 A 的元素求和，返回由矩阵 A 各列元素的和组成的向量。

（2）B = sum（A,dim）。该函数返回在给定维数 dim 上元素的和。当 dim = 1 时，计算矩阵 A 各列元素的和；当 dim = 2 时，计算矩阵 A 各行元素的和。

（3）B = cumsum（A）。

（4）B = cumsum（A,dim）。

函数 cumsum（）的调用格式与 sum（）类似，不同的是其返回值为矩阵。

2.4.1.8 矩阵元素的求积

Matlab 中，函数 prod（）和 cumprod（）的作用是对矩阵的元素求积。其调用格式如下：

（1）B = prod（A）。该函数对矩阵 A 的元素求积，返回由矩阵 A 各列元素的积组成的向量。

（2）B = prod（A,dim）。该函数返回在给定的维数 dim 上元素的积。当 dim = 1 时，计算矩阵 A 各列元素的积；当 dim = 2 时，计算矩阵 A 各行元素的积。

（3）B = cumprod（A）。

（4）B = cumprod（A,dim）。

函数 cumprod（）的调用格式与 prod（）类似，不同的是其返回值为矩阵。

2.4.1.9　矩阵元素的差分

Matlab 中函数 diff( ) 的作用是计算矩阵元素的差分。其调用格式如下：

（1）Y=diff(X)。该函数计算矩阵各列元素的差分。

（2）Y=diff(X,n)。该函数计算矩阵各列元素的 n 阶差分。

（3）Y=diff(X,n,dim)。该函数计算矩阵在给定的维数 dim 上元素的 n 阶差分。当 dim=1 时，计算矩阵各列元素的差分；当 dim=2 时，计算矩阵各行元素的差分。

2.4.2　矩阵的基本操作

2.4.2.1　矩阵的扩展

在 Matlab 中，可以通过数组的扩展将多个小矩阵转换为大的矩阵。进行数组连接的函数有 cat( )、vertcat( ) 和 horzcat( )。下面对这些函数进行介绍。

（1）C=cat(DIM, A, B)。该函数在 DIM 维度上进行矩阵 A 和 B 的连接，返回值为连接后的矩阵 C。程序 cat(1,A,B) 相当于 [A;B]，cat(2,A,B) 相当于 [A,B]。

（2）C=vertcat(A,B)。该函数在水平方向上连接数组 A 和 B，相当于 cat(1,A,B)。

（3）C=horzcat(A,B)。该函数在垂直方向上连接数组 A 和 B，相当于 cat(2,A,B)。

2.4.2.2　矩阵的块操作

A　函数 repmat( )

通过函数 repmat( ) 进行数据块的复制，其调用格式如下：

（1）B=repmat(A,m,n)。该函数产生大的矩阵 B，把矩阵 A 当作单个元素，产生由 m 行和 n 列的矩阵 A 组成的大矩阵 B。

（2）B=repmat(A,m)。该函数产生大的矩阵 B，把矩阵 A 当作单个元素，产生由 m 行和 m 列的矩阵 A 组成的大矩阵 B。

（3）B=repmat(A,[m,n])。该函数和 B=repmat(A,m,n) 完全一样。

B　函数 blkdiag( )

采用函数 blkdiag( ) 将多个矩阵作为对角块产生新的矩阵，其调用格式如下。

（1）Y=blkdiag(A,B)。该函数将矩阵 A 和 B 作为对角块产生新的矩阵。

（2）Y=blkdiag(A,B,…)。该函数将多个矩阵作为对角块产生新的矩阵。

2.4.2.3　矩阵中元素的删除

在 Matlab 中，可利用空矩阵删除矩阵中的元素。矩阵 X 赋值为空矩阵的语句为 X=[ ]。注意，X=[ ] 与 clear X 不同，clear 是将 X 从工作空间中删除，而空矩阵则存在于工作空间中，只是维数为零。

2.4.2.4　矩阵的转置

在 Matlab 中进行矩阵的转置，最简单的是采用转置操作符 (')，将矩阵 A Hermition 转置为 A'。如果矩阵 A 中含有复数，则 A' 进行矩阵转置后，复数将转化为共轭复数。此外，也可以采用函数 ctranspose(A) 实现。

矩阵 A 的真正转置为 A'，即使是复数也不转换为共轭复数。A 也可以采用函数 transpose(A) 来实现，两者完全一致。

2.5 Matlab 矩阵的分析与处理

2.5.1 矩阵的行列式

把一个方阵看作一个行列式，并对其按行列式的规则求值，这个值称为矩阵所对应的行列式的值。在 Matalb 中，采用函数 det( ) 求方阵的行列式，即得到方阵 X 的行列式。该函数的调用格式为 det(X)。

2.5.2 特征值和特征向量

在 Matlab 中，计算矩阵 A 的特征值和特征向量的函数是 eig( )，该函数的调用格式如下。

（1） E = eig(A)。该函数可求矩阵 A 的全部特征值，组成向量 E。

（2） [V,D] = eig(A)。该函数计算矩阵 A 的特征值和特征量，返回值 V 和 D 为两个方阵。方阵 V 的每一列为 1 个特征向量，方阵 D 为对角矩阵，对角线上的元素为特征值[3]。

2.5.3 对角阵

只有对角线上有非零元素的矩阵称为对角矩阵，对角线上元素相等的对角矩阵称为数量矩阵，对角线上的元素都为 1 的对角矩阵称为单位矩阵。在 Matlab 中，通过函数 diag( ) 获取矩阵的对角线元素，该函数的调用格式如下。

（1） diag(A)。该函数用于提取矩阵 A 的主对角线元素，产生一个包含 min(size(A)) 个元素的列向量。

（2） diag(A,k)。该函数提取第 k 条对角线的元素，组成一个列向量。

2.5.4 三角阵

三角阵可以分为上三角阵和下三角阵，所谓上三角阵，即矩阵对角线以下的元素全为零的矩阵，而下三角阵则是对角线以上的元素全为零的矩阵。在 Matlab 中，通过函数 triu( ) 获取矩阵的上三角矩阵，该函数的调用格式如下。

（1） triu(A)。该函数返回矩阵 A 的上三角矩阵。

（2） triu(A,k)。该函数返回矩阵 A 的第 k 条对角线以上的元素。

在 Matlab 中，采用函数 tril( ) 求矩阵的下三角矩阵，该函数的调用格式和函数 triu( ) 完全相同。

2.5.5 矩阵的逆和伪逆

对于一个方阵 A，如果存在一个与其同阶的方阵 B，使得 $A * B = B * A = E$（其中，E 为与方阵 A 同阶的单位矩阵），则称 B 为 A 的逆矩阵，当然 A 也是 B 的逆矩阵。在 Matlab 中，求一个方阵的逆矩阵非常容易，采用函数 inv( )。该函数的调用格式为 inv(A)。如果 A 是一个非满秩的方阵时，即该方阵的行列式值为零，系统会给出警告信息。

如果矩阵 A 不是一个方阵，或者 A 是一个非满秩的方阵时，矩阵 A 没有逆矩阵，但可以找到一个与 A 的转置矩阵 A' 同型的矩阵 B，使得 $A×B×A=A$ 且 $B×A×B=B$，此时，称矩阵 B 为矩阵 A 的伪逆，也称为广义逆矩阵。在 Matlab 中，求矩阵的广义逆矩阵的函数是 pinv( )，该函数的调用格式为 pinv(A)，即可计算矩阵 A 的广义逆矩阵。

2.5.6　矩阵的秩

矩阵的秩包括行秩和列秩，行秩和列秩相等。行秩为矩阵的行向量组成的极大无关组中行向量的个数，列秩为矩阵的列向量组成的极大无关组中列向量的个数。矩阵的秩反映了矩阵中各行向量之间和各列向量之间的线性关系。对于满秩矩阵，秩等于行数或列数，其各行向量或列向量都线性无关。在 Matlab 中，可通过函数 rank( ) 求矩阵的秩，该函数的调用格式为 rank(A)，即可求解矩阵 A 的秩。

2.5.7　矩阵的范数

矩阵或向量的范数用来度量矩阵或向量在某种意义上的长度。范数有多种方法定义，其定义不同，范数值也就不同。常用的矩阵范数有 3 种。在 Matlab 中，求矩阵范数的函数为 norm( )，该函数的调用格式如下。

（1）norm(X) 或 norm(X,2)。该函数计算矩阵 X 的 2-范数，返回矩阵 X 的最大奇异值 max(svd(A))。

（2）norm(X,1)。该函数计算矩阵的 1-范数，返回矩阵 X 的列素和的最大值 max(sum(abs(A)))。

（3）norm(X,inf)。该函数计算矩阵 X 的 ∞-范数，返回矩阵 X 的行向元素和的最大值 max(sum(abs(A')))。

2.5.7.1　矩阵分解

对于正定矩阵，可以分解为上三角矩阵和下三角矩阵的乘积，这种分解称为 Cholesk 分解。并不是所有的矩阵都可以进行 Cholesky 分解，能够进行 Cholesky 分解的矩阵必须是正定的，矩阵的所有对角元素必须是正的，同时矩阵的非对角元素不能太大。在 Matlab 中，通过函数 chol( ) 进行矩阵的 Cholesky 分解。在采用函数 chol( ) 进行 Cholesky 分解时，最好先通过函数 eig( ) 得到矩阵的所有特征值，检查特征值是否为正。函数 chol( ) 的调用格式如下。

（1）R=chol(A)。该函数对正定矩阵 A 进行 Cholesky 分解，返回值 R 为上三角矩阵，满足 $A=R'×R$。如果矩阵 A 不是正定矩阵，则返回出错信息。

（2）[R,p]=chol(A)。当矩阵 A 是正定矩阵时，进行 Cholesky 分解，返回值 R 为上三角矩阵，满足 $A=R'×R$，$p=0$。如果矩阵 A 不是正定矩阵，则返回值 p 是一个正整数，R 为上三角矩阵，其阶数为 $p-1$，且满足 A（ 1: $p-1$，1: $p-1$）$=R'×R$。

2.5.7.2　LU 分解

高斯消去法又称为 LU 分解，将方阵 A 分解为下三角矩阵的置换矩阵 L 和上三角矩

U 的乘积，即满足 $A = L \times U$。在 Matlab 中，通过函数 lu( ) 进行矩阵的 LU 分解。该函数的调用格式如下。

（1）[L1,U1]=lu(A)。该函数将矩阵 A 分解为下三角矩阵的置换矩阵 $L1$ 和上三角矩阵 $U1$，并满足 $A = L1 \times U1$。

（2）[L2, U2, P]=lu(A)。该函数将矩阵 A 分解为下三角矩阵 L2 和上三角矩阵 $U2$，以及置换矩阵 P，它们满足 L2×U2=P×A。

（3）Y=lu(A)。该函数将下三角矩阵和上三角矩阵合并在矩阵 Y 中，矩阵 Y 的对角元素为上三角矩阵的对角元素，并且满足 Y=L2+U2-eye(size(A))。

2.5.7.3　QR 分解

矩阵的正交分解又称为 QR 分解。QR 分解将一个 $m \times n$ 的矩阵 A 分解为一个正交矩阵 Q（大小为 $m \times m$）和一个上三角矩阵 R（大小为 $m \times n$）的乘积，即 $A = Q \times R$ 在 Matlab 中，通过函数 qr ( ) 进行矩阵的 QR 分解。该函数的调用格式为 [Q,R]=qr(A)，即将矩阵 A 进行 QR 分解，返回正交矩阵 Q 和上三角矩阵 R。

2.5.7.4　SVD 分解

奇异值分解在矩阵分析中非常重要，也是常用的矩阵分解之一。在 Matlab 中，通过函数 svd ( ) 进行矩阵的 svd 分解（或奇异值分解）。该函数的调用格式如下。

（1）s=svd(A)。该函数对矩阵 A 进行奇异值分解，返回由奇异值组成的列向量，奇异值按照从大到小的顺序进行排列。

（2）[U,S,V]=svd(A)。该函数对矩阵 A 进行奇异值分解，其中 U 和 V 为酉矩阵，S 为一个对角矩阵，对角线元素为矩阵奇异值的降序排列。

2.6　Matlab 数据的插值与拟合

插值就是定义一个在特定点取给定值的函数过程。在实际的科研或工程研究中，通常需要在已有数据点的情况下获得这些数据点之间的中间点的数据。要更加光滑准确地得到这些点的数据，就需要使用不同的插值方法进行数据插值。Matlab 中提供了多种多样的数据插值函数，比较常用的如 interpl 函数，可用于实现一维数据插值，interp2 函数则实现二维数据插值、拉格朗日插值、牛顿插值。这些插值函数在获得数据的平滑度、时间复杂度和空间复杂度方面性能相差较大，有时为完成比较复杂的函数插值功能，还需要编写函数文件来实现数值插值的过程[4]。

2.6.1　一维数据插值

一维数据插值可以得到函数 $y = f(x)$，在进行插值时，随着数据点数目的增多，以及数据点之间距离的缩短，插值会变得越来越精确。但在数据量比较有限的情况下，通过合理地选择插值方法，也可以得到令人比较满意的插值结果。

Matlab 通过一维数据插值函数 interp1 可以在一定程度上实现对插值数据结果的描述。常用的 interp1 函数的命令格式见表 2.4。

表 2.4   interp1 函数的命令格式

格　式	说　明
yi＝interp1（x，y，xi）	x 必须是向量，y 可以是向量或矩阵。若 y 也是向量，则和变量 x 具有相同的长度。参数 xi 可以是标量、向量或矩阵
yi＝interp1（y，xi）	默认情况下，x 变量为 1~n，n 为向量 y 的长度
yi＝interp1（x，y，xi，method）	此函数中，需要输入插值函数采用的插值方法，见表 2.6
yi＝interp1（x，y，xi，method，'extrap'）	当数据范围超出插值运算范围时，可以采用外推方法插值
yi＝interp1（x，y，xi，method，extrapval）	超出数据范围的插值数据结果返回数值，此时数值为 NaN 或零
yi＝interp1（x，y，xi，method，'pp'）	返回数值 pp 为分段多项式，method 指定产生分段多项式形式

在表 2.4 所列 interp1 函数的各种格式中，有些格式需要提供插值的方法，即需要设置不同的 method。其中，method 可以选择的选项见表 2.5。

表 2.5   interp1 插值函数可用的插值算法

算法	说　明
nearest	最邻近插值方法，在已知数据点附近设置插值点，对插值点的数据四舍五入，超出范围的数据点返回
linear	线性插值方法，interp1 函数的默认插值方法，通过直线直接连接相邻的数据点，超出范围的数据返回 NaN
spline	三次样条插值，采用三次样条函数获得插值数据点，在已知点为端点时，插值函数至少具有一阶或二阶导数
pchip	分段三次埃尔米特（Herit）多项式插值
cubic	三次多项式插值，与分段三次 Herit 多项式插值相同

2.6.2   二维数据插值

二维数据插值可以得到一个插值曲面，插值的基本思想和一维插值的思想相同。二维函数插值得到的函数 $z = f(x, y)$ 是自变量 x 和 y 的二维函数。Matlab 中提供 interp2 命令进行二维插值，interp2 命令的调用格式见表 2.6。

表 2.6   interp2 命令的调用格式

格　式	说　明
zi＝interp2（x，y，z，xi，yi）	原始数据 x、y 和 z 确定插值函数 $z = f(x, y)$，返回的数值 zi 是（xi，yi）根据插值函数计算得到的结果
yi＝interp2（z，xi，yi）	如果 z 的维数是 $n×m$，那么 $x = 1$~n，$y = 1$~m，即根据下角确定
yi＝interp2（z，ntimes）	在 z 的两点之间进行递归插值 ntimes 次
yi＝interp2（x，y，z，xi，yi，method）	选择适用不同的插值方法进行插值

在使用上述插值格式进行数据插值时，需要保证 x 和 y 是同维数的矩阵，在行向和列向都以单调递增方式增加，即 x 和 y 必须是 plaid 矩阵，xi 和 yi 数据序列一般可以通过 meshgrid 函数来创建。

2.6.3   曲线拟合

在实际的科研和工程研究中，所测量或得到的原始数据带有一定的噪声测量数据。此时，如果根据插值方法来使用会带来比较大的误差。因此，可以使用曲线拟合的方法寻求平滑曲线来表现两个函数变量之间的关系和变化趋势，得到拟合曲线表达式 $y = f(x)$。在进行曲线拟合时已经假定认为所有的测量数据都包含噪声数据，通过拟合得到的曲线也只反映了函数变量之间的变化关系和趋势，因此，拟合曲线并不要求经过每个已知数据点，而按照整体拟合数据的误差最小。在 Matlab 中，曲线拟合方法使用最小方差函数来进行多项式拟合。多项式拟合函数 polyfit 可以用来计算拟合得到的多项式的系数。默认的拟合目标是方差最小，即最小二乘法拟合数据。此时，判断的依据是通过拟合曲线得到的数据和原始数据之间的平均误差是否达到最小。函数 polyval 可根据多项式系数和 x 坐标计算出拟合曲线上相应的 y 坐标。polyfit 函数和 polyval 命令的调用格式见表 2.7。

表 2.7 **polyfit 函数的常用格式**

格　式	说　明
$[p] = \text{polyfit}(x, y, n)$	x 和 y 为已知的测量数据，n 为拟合多项式次数，当 n 为 1 时，进行最佳直线拟合（线性回归），当 n 为 2 时，需要选择最佳的二次多项式拟合
$[p, S] = \text{polyfit}(x, y, n)$	p 为多项式系数，S 为结构体，用于进行误差估计或预测
$[p, S, mu] = \text{polyfit}(x, y, n)$	mu 为 x 的均值和标准差
$y = \text{polyval}(p, x)$	y 是拟合曲线上对应 x 的纵坐标
$[y, delta] = \text{polyval}(p, x, S)$	delta 为误差估计值
$y = \text{polyval}(p, x, [\ ], mu)$	mu 为二元素向量
$[y, delta] = \text{polyval}(p, x, S, mu)$	多项式数据计算，S 是方差，mu 是比例，delta 是误差范围

复习思考题

2.1　用 linspace 命令创建 1~50 的一维数组，元素为 15 个。

2.2　执行一维数组 A = [0 1 0 3 2 6]，B = [3 5 0 0.5 1 5] 的与运算和或运算，并执行 B 的非运算。

2.3　A = [1 2; 1 3]，B = [1 0; 1 2]，进行 A 与 B 的左除和右除计算。

3 Matlab 数据可视化

　　数据包含大量信息，是信息的载体，但又很难直观地从大量原始的数据中发现它们的具体物理含义或内在规律。数据可视化是一项使数据图形化表达的重要技术，能使视觉感官直接感受到数据的许多内在本质和发现数据的内在联系。Matlab 提供了强大的图形处理和编辑功能，能够将经过数据处理、运算和分析后的结果通过图形的方式直观地进行表示。

　　Matlab 可以表达出数据的二维图形、三维图形和四维图形。通过对图形的线型、立面、色彩、光线、视角等属性的控制，可把数据的内在特征表现得更加细腻完善。本章主要内容包括二维曲线绘制、三维图形绘制、可视化图形修饰和句柄绘图。

3.1　Matlab 二维数据可视化

　　大多数据以二维的形式存在，即包括横纵坐标值。二维数据可视化是最为常用的数据可视化方法，能将复杂的数据直观地显示出来[5]。

　　一个复杂的函数通常很难直观地了解其形式。如衰减振动幅值与时间的函数关系为 $y = e^{-t/3}\sin 3t$，如果以二维图像的方式显示出来（见图 3.1），其数据随时间的变化关系变得非常直观。

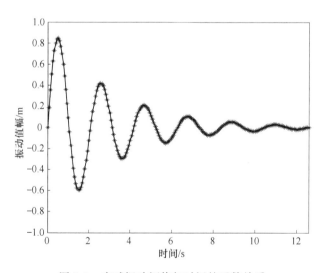

图 3.1　衰减振动幅值与时间的函数关系

　　二维数据可视化是将平面坐标上的数据点连接起来的平面图形。可以采用不同的坐标系，除直角坐标系外，还可采用对数坐标、极坐标。

3.1.1 基本二维曲线绘制

plot 函数的基本调用格式为 plot(y)。此命令中参数 **y** 可以是向量、实数矩阵或复数向量，这里可通过几个具体的例子进行理解和运用。

例 3.1 利用 plot(y) 命令绘制向量，可得如图 3.2 所示的运行结果。

输入程序如下：

```
x=1:0.1:10;   %定义自变量 x
y=sin(2*x);   %计算与自变量相应的 y 数组
plot(y);
```

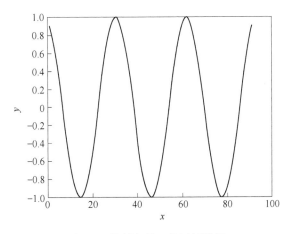

图 3.2 绘制向量 **y** 的运行结果

例 3.2 利用 plot(y) 命令绘制矩阵，可得如图 3.3 所示的运行结果。

输入程序如下：

```
y=[0 1 2;2 3 4;5 6 7]   %定义矩阵 y
plot(y)          %绘制矩阵 y
```

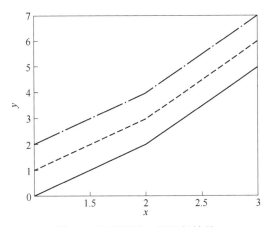

图 3.3 绘制矩阵 **y** 的运行结果

除此之外，plot 函数的另一种调用格式为 plot(x，y)，其中 **x**、**y** 均可为向量和矩阵，**x**、**y** 具有相同的列数。

（1）当 **x** 是向量，**y** 是有一维与 **x** 同维的矩阵，编写程序如下：

```
x=1:0.1:10;
y=sin(2*x);
plot(x,y)
```

此程序首先产生一个行向量 **x**，然后求取对应行向量 sin(2**x**)，并以 **x** 为横坐标，**y** 为纵坐标，最后在同一坐标中同时绘制出该曲线，如图 3.4 所示。

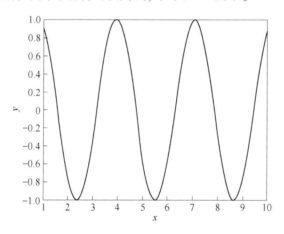

图 3.4　有一维与 **x** 同维的矩阵 **y**

（2）当 **x** 为向量，**y** 为矩阵时，编写程序如下：

```
x=0:0.1:10;          %定义自变量 x
y=[sin(x)+2;cos(x)+1];   %y 由两个行向量组成的矩阵
plot(x,y)
```

该程序中，**x** 是一个行向量，**y** 是由两个与 **x** 维数相同的行向量构成的矩阵，此时 plot(x,y)将以 **x** 为横坐标，分别以 **y** 的两个行向量为纵坐标绘制两条曲线，如图 3.5 所示。

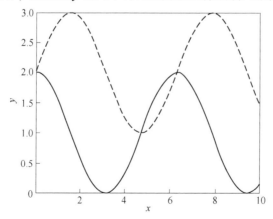

图 3.5　两个与 **x** 维数相同的行向量构成的矩阵 **y**

（3）当 **x**、**y** 均为矩阵时，编写程序如下：

```
x=［1 2 3；4 5 6；7 8 9；2 3 4；5 6 7］；  %定义矩阵 x
y=［2 4 5；3 6 7；4 6 8；1 3 5；2 6 3］；  %定义矩阵 y
plot（x，y）
```

该程序中，**x**、**y** 是具有相同维数的矩阵，绘图是以 **x** 的列向量作为横坐标，以 **y** 对应的列向量作为纵坐标，当 **x**、**y** 有 *n* 列时，同时绘制出 *n* 条曲线，如图 3.6 所示。

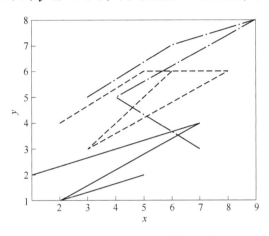

图 3.6　与 **x** 具有相同维数的矩阵 **y**

3.1.2　绘图辅助操作

绘图辅助操作是在 plot 函数的基础上增加颜色、线型等输入参数，含多个输入参数的 plot 函数调用格式为：

plot(x,y,param1,value1param2,value2)

3.1.2.1　设置图形颜色、线型等参数

plot 命令中可设定的属性命令函数见表 3.1。

表 3.1　属性命令函数

函　数	说　明
LineStyle	线型
LineWidth	线宽
Color	颜色
MarkerType	标记点的形状
MarkerSize	标记点的大小
MarkerFaceColor	标记点内部的填充颜色
MarkerEdgeColor	标记点边缘的颜色

例如以下代码在 Matleb 中运行，可得如图 3.7 所示的结果。

```
t = 0:pi/50:12;
y = exp(-t/3). * sin(3 * t);
y1 = exp(-t/3);
plot(t,y,'-r * ','LineWidth',1)
hold on
plot(t,y1,'b','LineWidth',2)
```

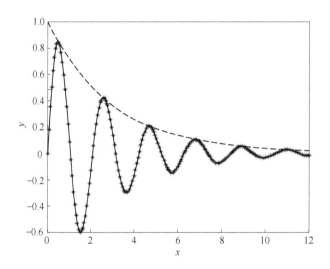

图 3.7　两函数用不同线型的图示结果

图 3.7 中通过参数设置绘制出了两条不同颜色、不同线型的曲线。同时，设定的颜色、标记及线型都有相对应的符号见表 3.2。

表 3.2　颜色、标记及线型参照表

颜色名称	颜色符号	标记符号	标记符号名称	线型名称	线型符号
蓝色	b	.	点号	实线	-
		O	圆圈		
绿色	g	X	叉号	点线	:
红色	r	+	加号	点画线	-.
青色	c	*	星号	虚线	--
洋红	m	S	方形		
黄色	y	D	菱形		
黑色	k	∨	向下三角形		
白色	w	∧	向上三角形		
		>	向右三角形		
		P	五角星		
		h	六角星		

例 3.3　使用 plot 属性设置绘图，运行程序得到的结果如图 3.8 所示。

程序如下：

```
t=0:pi/50:12;
plot(t,sin(2*t),'-mo','LineWidth',2,
'MarkerEdgeColor','k',
'MarkerFaceColor',[1.49  1.63],
'MarkerSize',6)
```

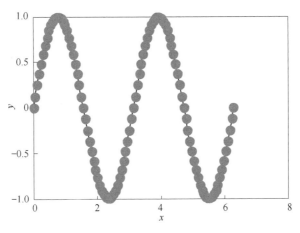

图 3.8   例 3.3 的代码运行结果

其中'-mo'设置了曲线线型、标记颜色、标记符号，'MarkerEdgeColor'、'MarkerFaceColor'、'MarkerSize'分别表示标记填充颜色、标记边缘颜色及标记符号大小，其后为对应属性值。

3.1.2.2   坐标轴标注和范围设置

在进行图形绘制时，可以设置坐标轴来改变图形的显示效果，使所绘制的曲线在合理的范围内表现出来。图形坐标轴的设置主要包括坐标轴的标注、范围、刻度及宽高比等参数。坐标轴进行标注函数主要有：xlabel('string')、xlabel(，'PropertyName'，PropertyValue，)、xlabel(fname)、ylabel('string')、ylabel(fname)、zlabel('string')、zlabel(fname)等。其中，string 为标注字符串，fname 是一个函数名，该函数必须返回一个字符串作为标注语句。'PropertyName'和 PropertyValue 分别用于定义相应标注文本的属性和属性值，包括字体大小、字体名和字体粗细等。

坐标轴的范围设置函数见表 3.3。

表 3.3   常见的坐标轴范围设置函数

函　　数	说　　明	函　　数	说　　明
axis（[xmin xmax ymin ymax]）	设置坐标轴的范围，包括横/纵坐标	axis xy	将坐标轴设置为笛卡儿模式
V=axis	返回当前坐标范围的一个行向量	axis equal	设置屏幕的宽高比
xlim/ylim/zlim	分别设置 x 轴/y 轴/z 轴的坐标范围	axis image	设置坐标轴的范围，使其与图形相适应

续表 3.3

函 数	说 明	函 数	说 明
axis auto	坐标轴的刻度恢复为默认的设置	axis square	将坐标轴设置为正方形
axis manual	冻结坐标轴的刻度	axis normal	将当前的坐标轴框恢复为全尺寸
axis tight	将坐标轴的范围设定为被绘制的数据范围	axis vis3d	冻结屏幕的宽高比
axis fill	使坐标充满整个绘图区域	axis off	关闭所有坐标轴的标签、刻度和背景
axis ij	将坐标轴设置为矩阵模式	axis on	打开所有坐标轴的标签、刻度和背景

例 3.4 对同一图形采用两种不同的坐标轴方式进行显示，并输出运行结果。
程序如下：

```
t=[0:pi/50:2*pi];
x=4*sin(t);
y=5*cos(t);
figure
plot(x,y);
xlabel('normal')
axis normal;
grid on
figure
plot(x,y);
xlabel('equal')
```

以上程序的运行结果如图 3.9 所示。

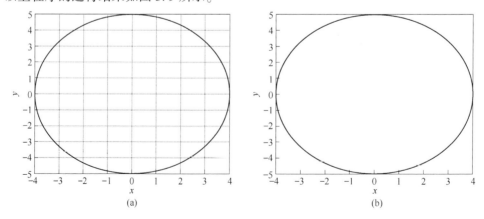

图 3.9 两种不同坐标轴方式的运行结果

（a）自动调整纵横比例坐标轴；（b）等比例坐标轴

3.1.2.3 背景、标题、文本设置

背景、标题、文本设置常用的几种函数使用格式如下：

（1）背景色设置函数的格式包括：figure('color',colorvalue')、set(gcf,'color','w')；

（2）标题设置函数的格式包括：title('string')、title(…,'PropertyName',PropertyValue,…)；

（3）文本标注函数的格式包括：text(x,y,'string')、text x,y,'string','PropertyName',PropertyValue,…)。

例3.5 应用标题、背景及文本设置函数，设计一个程序并输出运行结果，如图3.10所示。
程序如下：

```
backColor=[0.3 0.6 0.4];
figure('color',backColor);
t=0:0.1:2*pi;
y=sin(2*t);
plot(t,y)
title('Title Style','fontsize',16,'color','r')
xlabel('t','fontsize',12,'color','m');
ylabel('y','fontsize',12,'color','g');
text(xPoint,yPoint,'y=sin(2*t)','fontsize',16,'color','k');
```

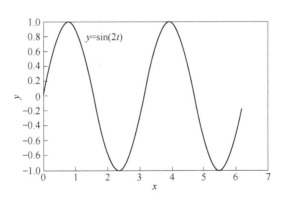

图 3.10   程序运行结果

3.1.2.4 图例标注

在对数值结果进行绘图时，经常会出现在一幅图中绘制多条曲线的情况，这时用户可以使用 legend 命令为曲线添加图例以便区分它们。legend 函数能够为图形中所有的曲线进行自动标注，并以输入变量作为标注文本。其调用格式如下：

```
legend('string1','string2',)
legend(,'Location',location)
```

其中，'string1'、'string2'等分别标注对应绘图过程中按绘制先后顺序所生成的曲线，'Location',location 用于定义标注放置的位置。Location 可以是一个 1×4 的向量（[left bottom width height]）或任意一个字符串。

表 3.4 给出了一系列定义位置字符串的命令函数。

表 3.4　位置字符串的命令函数

位置字符串	位置	位置字符串	位置
North	绘图区内的上中部	South	绘图区内的底部
East	绘图区内的右部	West	绘图区内的左中部
NorthEast	绘图区内的右上部	NorthWest	绘图区内的左上部
SouthEast	绘图区内的右下部	SouthWest	绘图区内的左下部
NorthOutside	绘图区外的上中部	SouthOutside	绘图区外的下部
EastOutside	绘图区外的右部	WestOutside	绘图区外的左部
NorthEastOutside	绘图区外的右上部	NorthWestOutside	绘图区外的左上部
SouthEastOutside	绘图区外的右下部	SouthWestOutside	绘图区外的左下部
Best	标注与图形重叠的最小处	BestOutside	绘图区外占用最小面积

例 3.6　设计一组程序并使用 legend 命令进行图例标注。
执行代码如下：

```
x = -pi:pi/20:pi;
y1 = cos(x);y2 = sin(x);
figure
plot(x,y1,'-ro',x,y2,'-.b');
legend('y1','y2','location','NorthWest');
figure
plot(x,y1,'-ro',x,y2,'-.b');
legend('y1','y2','location','NorthEast');
figure
plot(x,y1,'-ro',x,y2,'-.b');
legend('y1','y2','location','SouthWest');
figure
plot(x,y1,'-ro',x,y2,'-.b');
legend('y1','y2','location','SouthEast');
```

通过执行以上代码，不同位置的图例标注如图 3.11 所示。

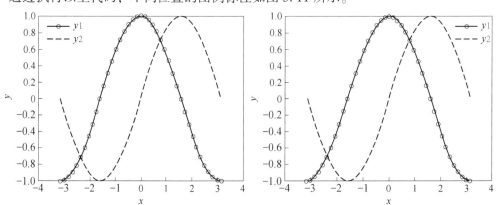

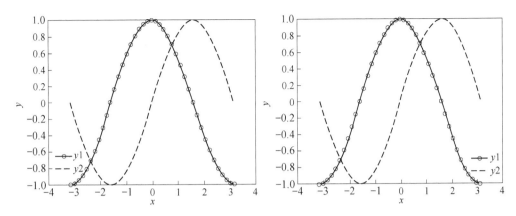

图 3.11 用 legend 命令显示图示中不同位置的图例

3.1.3 多图叠绘、双纵坐标、多子图

3.1.3.1 多图叠绘

使用 Matlab 绘制图形时，常常需要将多个图形绘制在一幅图中。此时，用户可以选择使用 hold 属性来改变图形的叠绘情况。

hold 命令的常见格式如下：

（1）hold on。hold on 格式不会将原来的坐标轴删除，新的曲线将添加在原来的图形上，如果曲线超出当前的范围，坐标轴将重新绘制刻度。

（2）hold off。hold off 格式将当前图形窗口中的图形释放，绘制新的图形。

（3）hold。hold 格式实现 hold 命令之间的切换

例 3.7 设计一组程序进行多图叠绘。

程序如下：

```
t=0:0.1:2*pi;
x=sin(2*t);
y=cos(2*t)+0.5;
plot(t,x);
%上次绘图保留
hold on;
plot(t,y,'m*-');
%解除上次绘图保留
hold off;
grid on;
legend('x=sin(2*t)','y=cos(2*t)+0.5');
```

根据以上程序的运行结果，得到如图 3.12 所示的示意图。

3.1.3.2 双纵坐标绘制

在科学计算和分析中，常常需要将同一自变量的两个（或多个）不同量纲、不同数量

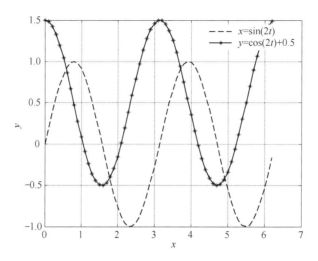

图 3.12 多图叠绘结果示意图

级的函数曲线在一幅图形中绘制出来。Matlab 中提供了 plotyy 函数来绘制双坐标轴的曲线。plotyy 函数的常见命令格式如下：

（1）plotyy(x1,y1,x2,y2)。绘制两条曲线 x1-y1 和 x2-y2，两条曲线分别以左右纵轴为纵轴。

（2）plotyy(x1,y1,x2,y2,fun)。绘制两条曲线 x1-y1 和 x2-y2，两条曲线分别以左右纵轴为纵轴，曲线的类型由 fun 指定。

（3）plotyy(x1,y1,x2,y2,fun1,fun2)。绘制两条曲线 x1-y1 和 x2-y2，两条曲线分别以左右纵轴为纵轴，两条曲线的类型分别由 fun1 和 fun2 指定。

例 3.8 利用 plotyy 函数绘制 $y_1 = \mathrm{e}^{-x/3}$ 和 $y_2 = \sin(2x_2)$ 的曲线。

程序如下：

```
x1 = 0:0.1:5;
y1 = exp(-x1/3);
x2 = 0:0.1:5;
y2 = sin(2 * x2);
plotyy(x1,y1,x2,y2);
title('plotyy exam');
```

根据以上程序输出的结果如图 3.13 所示。

3.1.3.3 多子图绘制

在一个图形窗口中可以包含多套坐标轴系。此时，可以在一个图形窗口中绘制多个不同的子图来达到效果和目的。在 Matlab 中可以使用 subplot 函数来绘制子图。subplot 函数的常见命令格式如下：

（1）subplot(m,n,p)。subplot(m,n,p)格式将图形窗口分为 $m×n$ 个子窗口，在第 p 个子窗口中绘制图形，子图的编号顺序为从左到右，从上到下。

（2）subplot(m,n,p,'replace')。subplot(m,n,p,'replace') 格式在绘制图形时，子图 p 已经绘制坐标系，此时将删除原来的坐标系，用新的坐标系代替。

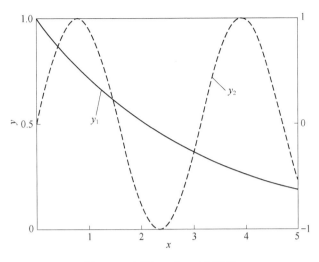

图 3.13 函数 y_1 和 y_2 示意图

（3）subplot（m，n，p，'align'）。subplot（m，n，p，'align'）可对齐坐标轴。

例 3.9 利用 subplot 绘制函数 $\sin2x$、$2\sin x\cos x$、$\sin x/\cos x$ 的图形。

程序如下：

```
x=0:0.1:2*pi; y=sin(2*x);
subplot(2,2,1);
plotyy(x1,y1,x2,y2);
title('plotyy exam');
plot(x,y); title('y=sin(2x)');
y=2*sin(2*x).*cos(x);
subplot(2,2,2);
plot(x,y);
title('y=2sin(2x)cox(x)');
y=sin(x)./cos(x);
subplot('position',[0.2 0.05 0.6 0.4]);
plot(x,y);
title('y=sin(x)/cos(x)');
```

根据以上程序得到的运行结果如图 3.14 所示。

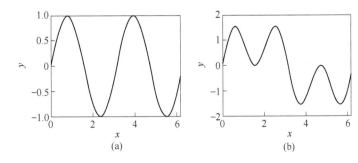

(a)   (b)

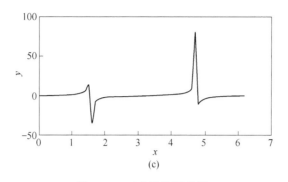

图 3.14   三个函数示意图

(a) $y=\sin 2x$；(b) $y=2\sin x\cos x$；(c) $y=\sin x/\cos x$

3.1.4   特殊二维图形绘制

Matlab 除了提供常用的二维曲线绘制和相关辅助功能外，还提供条形图、矢量图、柱状图、饼状图等二维图形绘制功能。常用的函数及其功能见表 3.5。

表 3.5   二维曲线绘制常用的函数及其功能

函数	功能	函数	功能	函数	功能
area	填充绘图	fplot	函数绘制	fill	多边形填充
bar	条形图	hist	柱状图	gplot	拓扑图
barh	条形水平图	pareto	帕累托图	compass	与 feather 同
comet	彗星图	pie	饼状图	stairs	阶梯图
errorbar	误差带图	plotmatrix	分散矩阵绘制	rose	极坐标系下的柱状图
ezplot	简单函数图	ribbon	三维图的二维条状显示	quiver	功能类似的矢量图
ezpolar	简单极坐标图	scatter	散射图		
feather	矢量图	stem	离散序列火柴杆状图		

3.1.4.1   垂直条形图绘制

bar 命令用于绘制二维垂直条形图，用垂直条形显示向量或矩阵中的值。bar 函数的常见命令格式如下：

（1）bar(y)。bar(y) 格式为每一个 y 中的元素画一个条状。

（2）bar(x,y)。bar(x,y) 格式在指定横坐标 x 上画出 y，其中 x 为严格单调递增的向量。

（3）bar(,width)。bar(,width) 格式可设置条形的相对宽度。默认值为 0.8，如果用户未指定 x，则同一组内的条形有很小的间距，若设置 width 为 1，则同一组内的条形相互接触。

（4）bar(…,' style ') style。bar(…, ' style ') style 格式定义条的形状类型，可取值 ' group'或' stack '。

（5）bar(…,' bar_color ') ' bar_color '。bar(…, ' bar_color ') ' bar_color '格式可定义条的颜色。

例 3.10 使用 bar 命令绘制条形图。

程序如下：

```
y = round( rand(5,4) * 10) ;
bar( y, ' group ', ' r ') ;
title(' bar exam ')
```

其中"group" 表示若 y 为 $n×m$ 阶矩阵，则 bar 显 n 组，每组有 m 个垂直条形的条形图。

以上程序的运行结果如图 3.15 所示。

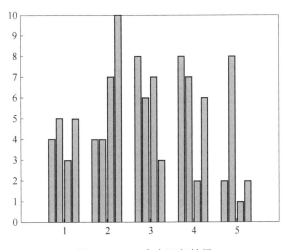

图 3.15　bar 命令运行结果

3.1.4.2　饼状图绘制

pie 命令用于绘制饼形图。pie 函数的常见命令格式如下：

（1） pie(x)。pie(x) 格式可为每个 x 中的元素画一个扇形。

（2） pie(x, explode)。pie(x, explode) 格式中，explode 与 x 同维的矩阵，若其中有非零元素，x 矩阵中相应位置的元素在饼图中对应的扇形将向外移出一些，加以突出。

（3） pie(…, labels)labels。pie(…, labels)labels 格式用于定义相应块的标签。

例 3.11 使用 pie 命令绘制饼形图。

程序如下：

```
x = [ 7 18 24 19 9 2 ] ;
explode = [ 0 1 1 1 0 0 ] ;
pie( x, explode, { '优秀', '良好', '中等', '及格', '不及格', '缺考' } ) ;
```

其中，explode 可将部分扇形移出并突出显示。

以上程序的运行结果如图 3.16 所示。

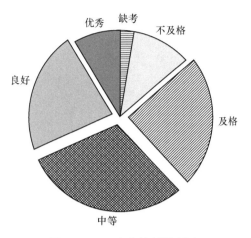

图 3.16　pie 命令绘制饼形图

3.1.4.3　等高线绘制

contour 命令用于绘制等高线图。contour 函数的常见命令格式如下：

contour(Z)

contour(Z,n)

contour(Z,v)

contour(X,Y,Z)

contour(X,Y,Z,n)

contour(X,Y,Z,v)

contour(…,'PropertyName',PropertyValue)

Z 必须为一数值矩阵，是必须输入的变量；n 为所绘图形等高线的条数；等高线条数等于该向量的长度，并且等高线的值为对应向量的元素值；v 为向量；c 为等高线矩阵；PropertyName 为等高线的属性参数；PropertyValue 为等高线的属性值。

例 3.12　使用 contour 绘制等高线图。

程序如下：

[X,Y]=meshgrid(-2:.2:2,-2:.2:3);

Z=X.*exp(-X.^2-Y.^2);

[C,h]=contour(X,Y,Z,'ShowText','on');

以上程序的运行结果如图 3.17 所示。

3.1.4.4　矢量图绘制

quiver 命令用于绘制矢量图或速度图，以及绘制向量场的形状。quiver 函数的常见命令格式如下：

（1）quiver(x,y,u,v)。在坐标点 (x,y) 处用箭头图形绘制向量，(u,v) 为相应点的速度分量。x、y、u、v 必须具有相同的大小。

（2）quiver(u,v)。quiver(u,v) 格式以 u 或 v 矩阵的列和行的下标为 x 轴和 y 轴的自变量，(u,v) 为相应点的速度分量。

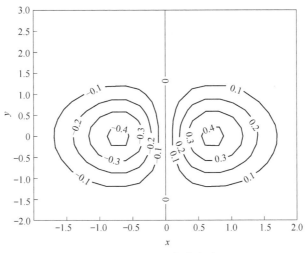

图 3.17　contour 绘制等高线图

（3）quiver(…,scale)scale。quiver(…,scale)scale 格式用于控制图中向量"长度"的实数，默认值为 1。有时需要设置较小的值，以免绘制的向量彼此重叠掩盖。

（4）quiver(…,LineSpec)LineSpec。quiver(…,LineSpec)LineSpec 格式用于设置矢量图中线条的线型、标记符号和颜色等。

例 3.13　使用 quiver 绘制矢量图，并输出运行结果。

程序如下：

```
[X,Y] = meshgrid(-2:.2:2);
Z = X.*exp(-X.^2 - Y.^2);
[DX,DY] = gradient(Z,.2,.2);
contour(X,Y,Z,'ShowText','on');
hold on
quiver(X,Y,DX,DY);
```

以上程序的运行结果如图 3.18 所示。

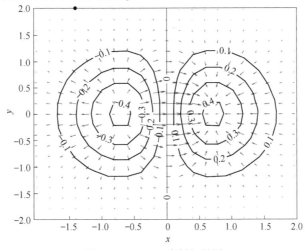

图 3.18　quiver 绘制矢量图

3.2　Matlab 三维数据可视化

在实际工程中常遇到三维数据，为了将三维数据可视化，需要将结果表示成三维图形，Matlab 语言为此提供了相应的三维图形绘制功能。最常用的三维绘图是绘制三维曲线图、三维网格图和三维曲面图 3 种基本类型，相应的 Matlab 命令为 plot3、mesh 和 surf，此外还可以通过颜色表现第四维。

3.2.1　三维曲线绘制

与 plot 类似，plot3 是三维绘图的基本函数，但在输入参数时，用户需要输入第 3 个参数数组。其调用格式如下：plot3(x,y,z,)、plot3(x,y,z,LineSpec,)、plot3(,'PropertyName',PropertyValue,)。

其中，x、y、z 为相同维数的向量或矩阵，在绘制过程中分别以对应列的元素作为 x、y、z 的坐标，曲线的个数等于数组的列数。LineSpec 定义曲线线型、颜色和数据点等，PropertyName 是线对象的属性名，PropertyValue 是相应属性的值。

例 3.14　利用 plot3 命令绘制螺旋线。

绘图程序代码如下：

```
t=0:pi/50:10*pi;
x=cos(t);
y=sin(t);
z=t;
plot3(x,y,z);
title('plot3 exam');
xlabel('x','fontsize',14);
ylabel('y','fontsize',14);
zlabel('z','fontsize',14);
grid on
```

运行以上程序得到的螺旋线如图 3.19 所示。

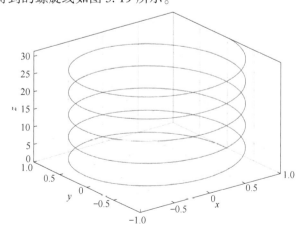

图 3.19　plot3 命令绘制螺旋线

例 3.15　利用 plot3 命令绘制多条三维曲线。

绘图程序代码如下：

```
x = 0:pi/50:4 * pi;
z1 = sin(x);  z2 = sin(x * 2);  z3 = sin(x * 3);
y1 = zeros(size(x));
y2 = ones(size(x));
y3 = y2 * 2+y1;
plot3(x,y1,z1,'-r * ',x,y2,z2,'
bx',x,y3,z3,'-mh');
title('plot3 exam2');
xlabel('x','fontsize',14);
ylabel('y','fontsize',14);
zlabel('z','fontsize',14);
legend('x-y1-z1','x-y2-z2','x-y3-z3');
grid on;
```

运行以上程序得到的三维曲线如图 3.20 所示。

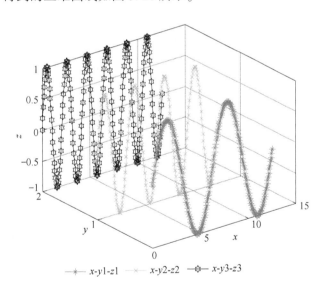

图 3.20　plot3 命令绘制多条三维曲线

3.2.2　三维网格绘制

在对三维数据进行分析处理时，常常需要绘制三维曲线或曲面的网格图。在 Matlab 中，网格图常通过 mesh 函数来绘制，该命令与 plot3 不同的是，它可以绘出某一区间内的完整曲面，而不是单根曲线。函数 mesh 的常用格式见表 3.6。

表 3.6　函数 mesh 的常用格式

格　式	说　明
mesh(z)	此时，以 z 矩阵的列和行的下标为 x 轴和 y 轴的自变量绘制网格图
mesh(x,y,z)	其中，x 和 y 为自变量矩阵，z 为建立在 x 和 y 之上的函数矩阵
mesh(x,y,z,c)	此命令和上面两个命令相比，c 用于指定矩阵 z 在各点的颜色

　　x 和 y 必须均为向量，若 x 和 y 的长度分别为 m 和 n，则 Z 必须为 $m×n$ 的矩阵，即 [m，n]＝size（Z）。Matlab 提供一些内置函数来生成数据矩阵，用于 mesh 函数绘图，如 peaks、sphere 等。

　　例 3.16　使用 mesh 函数绘制 peaks 网格面。

　　mesh 程序如下：

```
[x,y,z]=peaks(30);          %产生三维网格
mesh(x,y,z);                %mesh 绘制三维网格
title('mesh exam1');
xlabel('X');
ylabel('Y');
zlabel('Z');
grid on;
```

　　运行以上程序绘制出的网格面如图 3.21 所示。

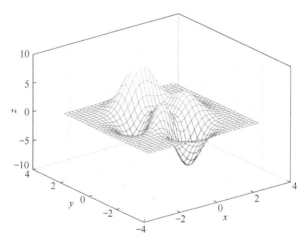

图 3.21　mesh 函数绘制 peaks 网格面

　　例 3.17　使用 mesh 函数绘制自定义三维网格。

　　mesh 程序如下：

```
x=-4:0.2:4;
y=x';
m=ones(size(y))*x;
n=y*ones(size(x));
```

```
p=sqrt(m.^2+n.^2)+eps;
z=sin(p)./p;
mesh(z);
title('mesh exam2');
grid on;
```

运行以上程序绘制出的三维网格如图 3.22 所示。

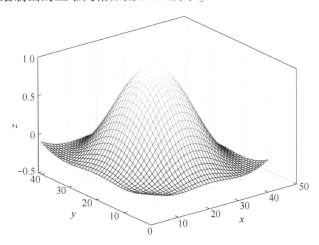

图 3.22   mesh 函数绘制自定义三维网格

在 Matlab 中，系统还提供了两种变体形式的 mesh 函数，即 meshz 和 meshc 函数。这两个变体 mesh 函数的区别在于，meshc 函数在三维曲面图的下方绘制等值线图，而 meshz 函数的作用在于增加边界绘图功能。下面通过例子说明这两个函数的区别。

例 3.18   使用 meshc 函数绘制三维网格图。

meshc 函数的程序如下：

```
[x,y,z]=peaks(30);
meshc(x,y,z);
title('meshc exam');
xlabel('X');
ylabel('Y');
zlabel('Z');
grid on;
```

运行以上程序绘制的图形如图 3.23 所示。

例 3.19   使用 meshz 函数绘制三维网格图。

meshz 函数的程序如下：

```
[x,y,z]=peaks(30);
meshz(x,y,z);
title('meshz exam');
xlabel('X');
```

ylabel('Y');

zlabel('Z');

grid on;

　　运行以上程序绘制的图形如图 3.24 所示。

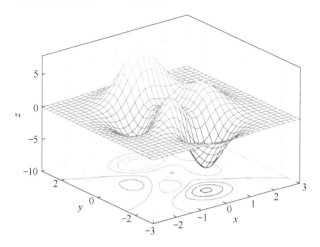

图 3.23　meshc 函数绘制三维网格图

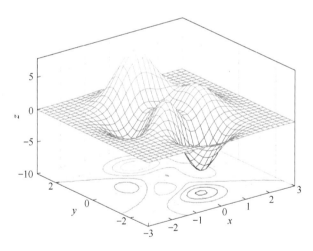

图 3.24　meshz 函数绘制三维网格图

3.2.3　三维曲面绘制

　　和 mesh 绘制的图形相比，surf 函数绘制的曲面图可使曲面上所有网格都填充颜色。该命令的格式与 mesh 函数的格式相同，参数设置也大致相同。其调用格式见表 3.7。

表 3.7　**surf 函数的常用格式**

格　式	说　明
surf(z)	此时，以 z 矩阵列和行的下标为 x 轴和 y 轴的自变量绘制曲面图

格　式	说　明
surf(x,y,z)	其中，*x* 和 *y* 为自变量矩阵，*z* 为建立在 *x* 和 *y* 之上的函数矩阵
surf(x,y,z,c)	此命令和上面两个命令相比，c 用于指定矩阵 *z* 在各点的颜色
surf(…,' PropertyName ', PropertyValue)	' PropertyName '和 PropertyValue 用于设置曲面图的颜色、线型等属性

x 和 *y* 必须均为向量，若 *x* 和 *y* 的长度分别为 *m* 和 *n*，则 *Z* 必须为 $m \times n$ 的矩阵，即 [m，n] = size (Z)。此时，网格线的顶点为 $(X(j)，Y(i)，Z(i, j))$；若参数中未提供 *X*、*Y*，则将 (i, j) 作为 $Z(i, j)$ 的 *x* 轴、*y* 轴坐标值。

例 3.20 使用 surf 命令绘制三维曲面。

surf 程序如下：

```
[x,y,z] = peaks(30);
surf(x,y,z);
title(' surf exam ');
xlabel(' X ');
ylabel(' Y ');
zlabel(' Z ');
grid on;
```

运行以上程序得到的三维曲面如图 3.25 所示。

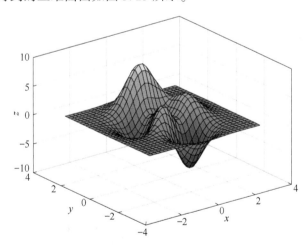

图 3.25　surf 命令绘制三维曲面

surf 函数也有一些变体。surfc 函数在绘制曲面图时，需在底层绘制等值线图；surfl 函数在绘制曲面图时，则考虑到了光照效果；urfnorm 函数根据输入的数据 *x*、*y* 和 *z* 来定义各个表面的法线，同时在数据点处绘制曲面的法线向量。

例 3.21 使用 surfc 命令绘制三维曲面。

surfc 程序如下：

```
[x,y,z]=peaks(30);
surfc(x,y,z);% surfc 绘制三维曲面
title('surfc exam');
```

运行以上程序得到的三维曲面如图 3.26 所示。

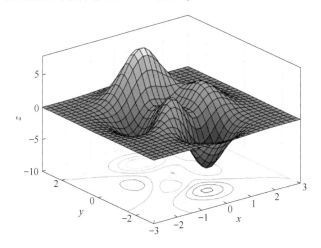

图 3.26 surfc 命令绘制三维曲面

例 3.22 使用 surfl 命令绘制三维曲面。

surfl 程序如下：

```
[x,y,z]=peaks(30);
surfl(x,y,z);
title('surfl exam');
```

运行以上程序得到的三维曲面如图 3.27 所示。

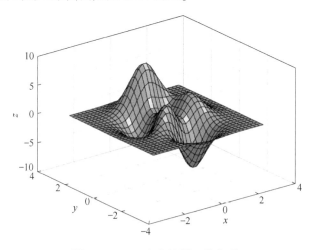

图 3.27 surfl 命令绘制三维曲面

例 3.23 使用 surfnorm 命令绘制三维曲面。

surfnorm 程序如下：

$[x,y,z]=$peaks(30)；
surfnorm(x,y,z)；
title$('$surfl exam$')$；

运行以上程序得到的三维曲面如图 3.28 所示。

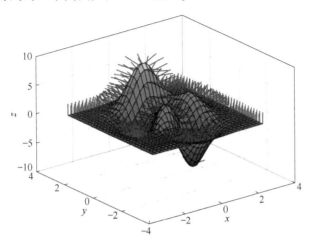

图 3.28   surfnorm 命令绘制三维曲面

3.2.4   准四维图形绘制

当需要绘制四维数据时，由于所处空间和思维的局限性，在计算机屏幕上只能表现出 3 个空间变量。为此，Matlab 通过颜色来表示该存在于第四维空间的值，由函数 slice 实现。slice 函数是利用切片来实现数据显示的命令，可用于显示三维函数的切面图、等位线图等。slice 命令的常用格式如下：

（1）slice(V,sx,sy,sz)。slice(V,sx,sy,sz) 命令显示三元函数 V (X, Y, Z) 确定的超立体在 x 轴、y 轴与 z 轴方向上若干点（对应若干平面）的切片图，各点的坐标由数量向量 **sx**、**sy** 与 **sz** 指定。其中 V 为三维数组（阶数为 $m×n×p$），默认 X 为 1~m、Y 为 1~n、Z 为 1~p。

（2）slice(V,XI,YI,ZI)。slice(V,XI,YI,ZI) 命令显示由参量矩阵 **XI**、**YI** 与 **ZI** 确定的超立体图形的切面图。参量 **XI**、**YI** 与 **ZI** 定义了一个曲面，同时会在曲面的点上计算超立体 **V** 的值。参量 **XI**、**YI** 与 **ZI** 必须为同型矩阵。

（3）slice(X,Y,Z,V,sx,sy,sz)。slice(X,Y,Z,V,sx,sy,sz) 命令显示三元函数 V (X, Y, Z) 确定的超立体在 x 轴、y 轴与 z 轴方向上的若干点。即若函数 V (X, Y, Z) 中有一变量如 X 取一定值 $X0$，则函数 V ($X0$, Y, Z) 变成一立体曲面的切片图，各点的坐标由参量向量 **sx**、**sy** 与 **sz** 指定。

（4）slice(X,Y,Z,V,XI,YI,ZI)。slice(X,Y,Z,V,XI,YI,ZI) 命令是沿着由矩阵 **XI**、**YI** 与 **ZI** 定义的曲面画穿过超立体图形 **V** 的切片。

（5）slice(…,'method')。slice(…,'method') 命令是指定内插值的方法。'method' 是

'linear'、'cubic'、'nearest' 3 种方法之一，其中，'linear'指定使用三次线性内插值法（该状态为默认状态）；'cubic'指定使用三次立方内插值法；'nearest'指定使用最近点内插值法。

例 3.24   使用 slice 命令绘制准四维图。

slice 程序如下：

```
[x,y,z,v] = flow;
xmin = min(min(min(x)));
xmax = max(max(max(x)));
sx = linspace(xmin+1.5,xmax-1.5,4);
slice(x,y,z,v,sx,0,0);
shading interp;
title('slice exam');
```

运行以上程序得到的四维图如图 3.29 所示。

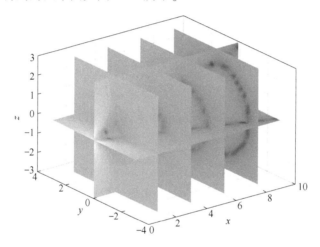

图 3.29   slice 命令绘制准四维图

3.2.5   其他特殊三维图形

其他特殊的三维图形及相应的 Matlab 绘制命令见表 3.8。

表 3.8   特殊的三维图形及相应的 Matlab 绘制命令

函数名	说明	函数名	说明
bar3	三维条形图	trisurf	三角形表面图
comet3	三维彗星轨迹图	trimesh	三角形网格图
ezgraph3	函数控制绘制三维图	waterfall	瀑布图
pie3	三维饼状图	cylinder	杜面图
scatter3	三维散射图	sphere	球面图
stem3	三维离散数据图	contour3	三维等高线
quiver3	向量场	cplxmap	复数变量图

这里介绍几种与二维特殊图形不一样的函数。

3.2.5.1 圆柱图形绘制

Matlab 提供了 cylinder 命令用于绘制圆柱图形，其调用格式见表 3.9。

表 3.9 绘制圆柱图形的 cylinder 命令

格　式	说　明
[X,Y,Z] = cylinder	返回半径为 1、高度为 1 的圆柱体的 x、y、z 轴的坐标值，圆柱体的圆周有 20 个距离相同的点
[X,Y,Z] = cylinder(r)	返回半径为 r、高度为 1 的圆柱体的 x、y、z 轴的坐标值，圆柱体的圆周有 20 个距离相同的点
[X,Y,Z] = cylinder(r,n)	返回半径为 r、高度为 1 的圆柱体的 x、y、z 轴的坐标值，圆柱体的圆周有指定的 n 个距离相同的点

例 3.25 使用 cylinder 命令绘制圆柱图。

Matlab 程序如下：

```
t = 0:pi/10:2 * pi;
[X,Y,Z] = cylinder(2+sin(t));    %产生圆柱体坐标点
surf(x,y,z);                     %绘制圆柱体
```

运行以上程序得到的圆柱图如图 3.30 所示。

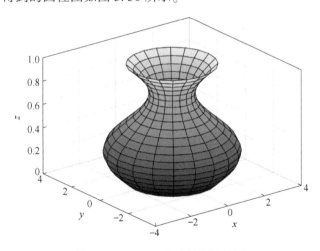

图 3.30 cylinder 命令绘制圆柱图

3.2.5.2 球体绘制

Matlab 提供的 sphere 命令用于生成球体，其调用格式见表 3.10。

表 3.10 sphere 命令用于生成球体

格　式	说　明
sphere	生成三维直角坐标系中的单位球体，该单位球体由 20×20 个面组成
sphere(n)	在当前坐标系中画出有 $n×n$ 个面的球体

续表 3.10

格　式	说　明
$[X,Y,Z]=\text{sphere}(\cdots)$	返回 3 个阶数为 $(n+1)\times(n+1)$ 的直角坐标系中的坐标矩阵。该命令不画图，只是返回矩阵。用户可以用命令 surf(x,y,z) 或 mesh(x,y,z) 画出球体

例 3.26　使用 sphere 命令绘制球体。

Matlab 程序如下：

```
[m,n,p]=sphere(30);   %产生球体坐标
t=abs(p);
surf(m,n,p,t)         %绘制球体
```

运行以上程序得到的球体如图 3.31 所示。

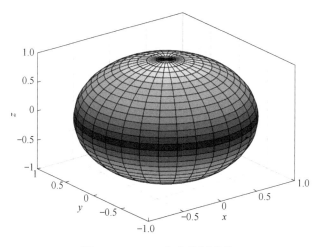

图 3.31　sphere 命令绘制球体

3.2.5.3　瀑布图

Matlab 提供 waterfall 命令用于生成瀑布图，其调用格式见表 3.11。

表 3.11　**waterfall 命令用于生成瀑布图**

格　式	说　明
waterfall(z)	此时，以 Z 矩阵的列和行的下标为 X 轴和 Y 轴的自变量绘制瀑布图
waterfall(X,Y,Z)	其中，X 和 Y 为自变量矩阵，Z 为建立在 X 和 Y 之上的函数矩阵
waterfall(…,c)	此命令和前两个命令相比，c 用于指定矩阵 z 在各点的颜色

例 3.27　使用 waterfall 命令绘制瀑布图。

Matlab 程序如下：

```
[X,Y,Z]=peaks(30);
waterfall(X,Y,Z);    %绘制瀑布图
```

运行以上程序得到的图形如图 3.32 所示。

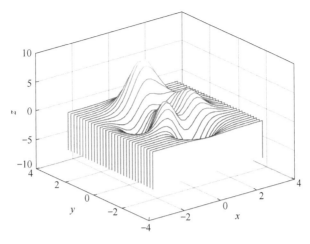

图 3.32   waterfall 命令绘制瀑布图

3.2.5.4   复数变量图

Matlab 中提供的复数绘图函数常见的有 cplxmap、cplxgrid、cplxroot 等。使用这些函数绘制的图形常以函数的实部为高度、虚部为颜色，默认情况下的颜色变化范围是 HSV 颜色模式。其中，cplxgrid 函数与前面的 meshgrid 函数功能类似，可以产生数据网格点，但数据格式都是复数形式的。通过该函数可以产生一个复数矩阵 **Z**，该矩阵的维数为 $(m-1) \times (2m-1)$，即复数的极径范围为 $[0,1]$，复数的极角范围为 $[-\pi, \pi]$。

例 3.28   使用 cplxmap 绘制复数图形。

Matlab 程序如下：

```
z=cplxgrid(50);            %生成复数绘图的网格点
cplxmap(z,z.^2+z.^3);      %绘制函数 z^2+z^3 的图形
```

运行以上程序得到的图形如图 3.33 所示。

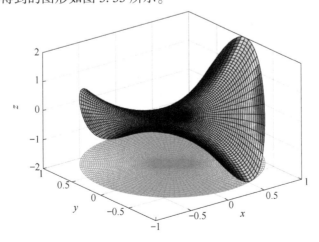

图 3.33   cplxmap 绘制复数图形

3.3　Matlab 可视化图形修饰

Matlab 除了提供强大的绘图功能外，还提供强大的图形修饰处理功能。

3.3.1　图形视角处理

三维视图表现的是一个空间内的图形，因此从不同的位置和角度观察图形会有不同的效果[6]。Matlab 提供图形进行视觉控制的功能。所谓视觉，就是图形展现给用户的角度。

3.3.1.1　立体图观察点设置

Matlab 提供 view 命令用于指定立体图形的观察点。观察者（观察点）的位置决定了坐标轴的方向。用户可以用方位角和仰角一起，或者用空间中的一点来确定观察点的位置，其调用格式见表 3.12。

表 3.12　view 命令的调用格式

格　式	说　明
view(az,el)、 view([az,el])	该格式为三维空间图形设置观察点的方位角。方位角与仰角是按下面的方法定义的两个旋转角度：作一个通过视点与 z 轴的平面，与 xy 平面有一交线，该交线以 y 轴的反方向并按逆时针方向（从 z 轴的方向观察）计算的单位为度的夹角，就是观察点的方位角。若方位角为负值，则按顺时针方向计算；在通过视点与 z 轴的平面上，用一直线连接视点与坐标原点，该直线与 xy 平面的夹角就是观察点的仰角。若仰角为负值，则观察点转移到曲面下面
view([x,y,z])	在笛卡儿坐标系中将视角设为沿向量 [x，y，z] 指向原点，例如 view([0 0 1]) = view(0，90)，也即在笛卡儿坐标系中将点 (x，y，z) 设置为视点。注意输入参量只能是方括号的向量形式，而非数学中点的形式
view(2)	该格式设置默认的二维形式视点。其中方位角 az 为 0°、仰角 el 为 90°，即从 z 轴上方观看所绘图形
view(3)	该格式设置默认的三维形式视点。其中方位角为-37.5°、仰角为 30°
view(T)	该格式根据转换矩阵 **T** 设置视点。其中 **T** 为 4×4 阶矩阵，如同用命令 viewmtx 生成的透视转换矩阵一样
[az,el] = view	该格式用于返回当前的方位角与仰角
T = view	该格式用于返回当前的 4×4 阶转换矩阵

例 3.29　使用 view 命令控制图形视角。

Matlab 程序如下：

```
t = 0:0.02 * pi:10 * pi;
x = 5 * sin(t);
y = 3 * cos(t);
z = t/4;
subplot(2,2,1)
plot3(x,y,z);
grid on;
```

```
title('Default az=-37.5,el=30');
view(-37.5,30);      %设置视角
subplot(2,2,2);
plot3(x,y,z);
grid on;
title('az=52.5,el=30');
view(52.5,30);       %设置视角
subplot(2,2,3);
plot3(x,y,z);
grid on;
title('az=0,el=90');
view(0,90);          %设置视角
axis equal
subplot(2,2,4);
plot3(x,y,z);
grid on;
title('az=0,el=0');
view(0,0);           %设置视角
axis equal
```

运行结果如图 3.34 所示。

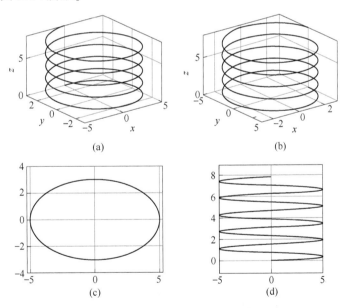

图 3.34 view 命令控制图形视角

（a）az=-37.5°、el=30°；（b）az=52.5°、el=30°；（c）az=0°、el=90°；（d）az=0°、el=0°

3.3.1.2 视点转换

Matlab 提供 viewmtx 命令用于视点转换，它计算一个 4×4 阶正交或透视转换矩阵，该矩阵将一个四维、齐次的向量转换到一个二维视平面上，其调用格式见表 3.13。

表 3.13   viewmtx 命令调用格式

格　式	说　明
T = viewmtx(az,el)	返回一个与视点方位角 az 和仰角 el（单位都为度）对应的正交矩阵，并未改变当前视点
T = viewmtx(az,el,phi)	返回一个透视的转换矩阵，其中参量 phi 是单位为度的透视角度，为标准化立方体（单位为度）的对象视角角度与透视扭曲程度。phi 的取值见表 3.14。用户可以通过使用返回的矩阵，用命令 view（T）改变视点的位置
T = viewmtx(az,el,phi,xc)	返回以标准化图形立方体中的点 xc 为目标点的透视矩阵（就像相机正对着点 xc 一样），目标点 xc 为视角的中心点。用户可以用一个三维向量 xc = [xc, yc, zc] 指定该中心点，每分量都在区间 [0, 1] 上。默认值为 xc = [0 0 0]

表 3.14   phi 的取值

phi 的值/(°)	说　明
0	正交投影
10	类似于以远距离投影
25	类似于普通投影
60	类似于以广角投影

例 3.30   利用 viewmtx 命令进行视点转换并绘制视图。Matlab 程序如下所示，运行结果如图 3.35 所示。

```
x = [0 1 1 0 0 0 1 1 0 0 1 1 1 1 0 0];
y = [0 0 1 1 0 0 0 1 1 0 0 0 1 1 1 1];
z = [0 0 0 0 0 1 1 1 1 1 1 0 0 1 1 0];
A = viewmtx(-37.5,30);   %viewmtx 获取视角转换矩阵
[m,n] = size(x);
x4d = [x(:),y(:),z(:),ones(m*n,1)]';
x2d = A*x4d;            %视点转换
x2 = zeros(m,n); y2 = zeros(m,n);
x2(:) = x2d(1,:);
y2(:) = x2d(2,:);
plot(x2,y2);
```

3.3.1.3   三维视角变化

Matlab 提供 rotate3d 命令用于三维视角变化，即触发图形窗口的 rotate3d 选项，用户可以方便地用鼠标来控制视角的变化，且视角的变化值也将实时地显示在图中。

例 3.31   使用 rotate3d 命令绘制可旋转视图。Matlab 程序如下所示，运行结果如图 3.36 所示。

```
surf(peaks(20));
rotate3d
```

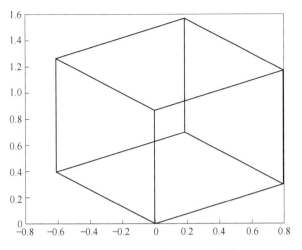

图 3.35 viewmtx 命令进行视点转换

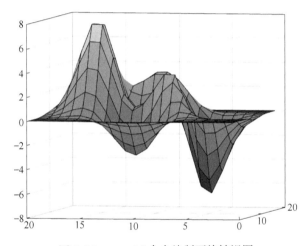

图 3.36 rotate3d 命令绘制可旋转视图

3.3.1.4 三维透视命令

在 Matlab 中使用 mesh 等命令绘制网格曲面时，系统在默认情况下会隐藏重叠在后面的网格，利用透视命令 hidden 可以看到被遮的部分，其调用格式为 hidden on、hidden off。

例 3.32 使用 hidden 命令显示透视效果，Matlab 程序如下所示，运行结果如图 3.37所示。

```
figure(1)
mesh(peaks);
hidden on;
title('hidden on');
figure(2)
mesh(peaks);
hidden off;
title('hidden off');
```

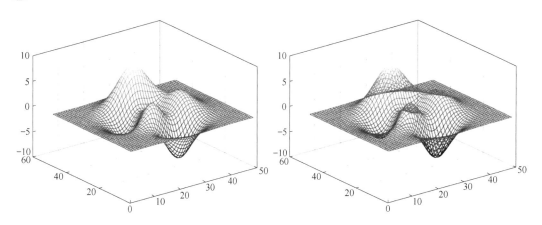

图 3.37   hidden 命令显示透视效果

3.3.2   图形色彩处理

    Matlab 是采用颜色映像来处理图形颜色的，即 RGB 色系。计算机中的各种颜色都是通过三原色按不同比例调制出来的，三原色即红（Red）、绿（Green）、蓝（Blue）。每种颜色的值表示为一个 1×3 向量 [R G B]，其中 R、G、B 值的大小分别代表这三种颜色之间的相对亮度，因此它们的取值范围均必须在 [0，1] 区间内。每种不同的颜色对应一个不同的向量。表 3.15 给出了典型的颜色配比方案。

表 3.15   典型的颜色配比方案

原色			组合颜色
红（R）	绿（G）	蓝（B）	
0	0	0	黑色
1	1	1	白色
1	0	0	红色
0	1	0	绿色
0	0	1	蓝色
1	1	0	黄色
1	0	1	洋红色
0	1	1	青色
0.5	0.5	0.5	灰色

    一般的线图函数（如 plot、plot3 等）不需要色图来控制其色彩显示，而面图函数（如 mesh、surf 等）则需要调用色图。色图设定的命令为 colormap([R，G，B])，其中输入变量 [R，G，B] 为一个三列矩阵，行数不限，该矩阵称为色图。几种典型常用色图的名称及其产生函数见表 3.16。

表 3.16   常用色图的名称及其产生函数

色图名称	产生函数	色图名称	产生函数
红黄色图	autumn	饱和色图	hsv

色图名称	产生函数	色图名称	产生函数
蓝色调灰度色图	bone	粉红色图	pink
青红浓淡色图	cool	光谱色图	prism
线性灰度色图	gray	线性色图	lines
黑红黄白色图	hot		

3.3.2.1 colormap 命令

colormap 命令用于图形的着色，其使用如例 3.33 所示。

例 3.33 使用 colormap 命令为图形着色，其 Matlab 程序如下，运行结果如图 3.38 所示。

```
[x,y,z] = peaks;
cmap1 = autumn(size(x,1));
cmap2 = cool(size(x,1))
cmap3 = hsv(size(x,1));
cmap4 = lines(size(x,1));
figure(1)
surf(x,y,z);
colormap(cmap1);
title(' autumn ');
figure(2)
surf(x,y,z);
colormap(cmap2);
title(' cool ');
figure(3)
surf(x,y,z);
colormap(cmap3);
title(' hsv ');
figure(4)
surf(x,y,z);
colormap(cmap4);
title(' lines ');
```

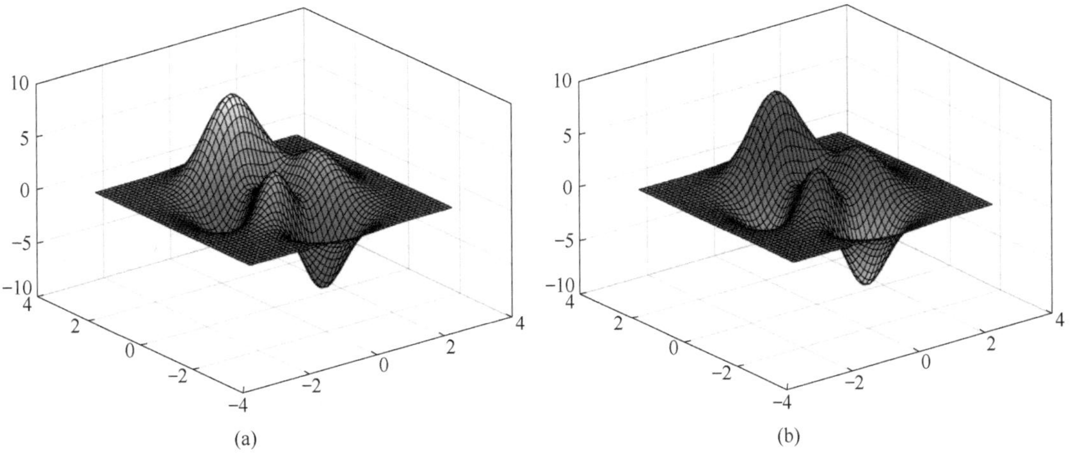

(a)   (b)

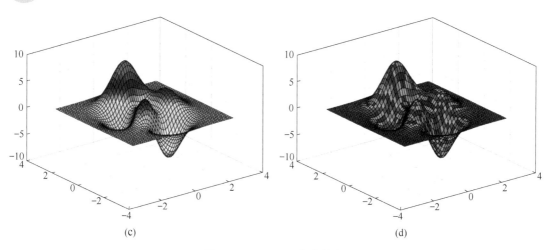

图 3.38　colormap 命令着色

3.3.2.2　colorbar 命令

该函数用于显示能指定颜色刻度的颜色标尺，常见调用格式见表 3.17。

表 3.17　colorbar 命令调用格式

格　式	说　明
colorbar	更新最近生成的颜色标尺，若当前坐标轴没有任何颜色标尺，则在右边显示一垂直的颜色标尺
colorbar(' vert ')	增加一垂直的颜色标尺到当前的坐标轴
colorbar(' horiz ')	增加一水平的颜色标尺到当前的坐标轴
colorbar(…,' location ')	' location '设置 colorbar 显示的位置，取值包括 North ｜ South ｜ East ｜ West ｜ NorthOutside ｜ SouthOutside ｜ EastOutside ｜ WestOutside
colorbar(h)	用坐标轴 h 来生成一颜色标尺，若坐标轴的宽度大于高度，则颜色标尺是水平放置的
colorbar(…,' peer ',axes_handle)	生成一与坐标轴 axes-handle 有关的颜色标尺，代替当前的坐标轴

例 3.34　使用 colorbar 命令绘制颜色标尺，Matlab 程序如下所示，运行结果如图 3.39 所示。

```
surf( peaks( 30) )    %绘制三维曲面
colorbar(' horiz ',' location ',' NorthOutside ') ;%绘制颜色标尺
```

3.3.2.3　rgbplot 函数命令

rgbplot 函数命令用于画出色图。常见调用格式为 rgbplot（cmap），画出维数为 m×3 的色图矩阵 cmap 的每一列，矩阵的第一列为红色强度，第二列为绿色强度，第三列为蓝色强度。

例 3.35　使用 rgbplot 命令绘制彩色线条图，Matlab 程序如下所示，运行结果如图 3.40 所示。

```
rgbplot( copper) ;
```

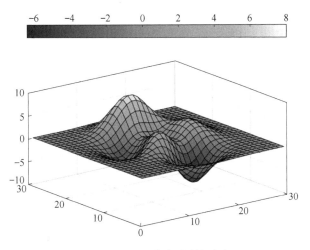

图 3.39　colorbar 命令绘制颜色标尺

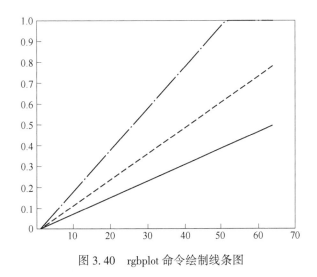

图 3.40　rgbplot 命令绘制线条图

3.3.3　图形光照处理

Matlab 语言提供的光照控制命令见表 3.18。

表 3.18　光照控制命令

函数名	说明	函数名	说明
light	设置曲面光源	specular	镜面反射模式
surfl	绘制存在光源的三维曲面图	diffuse	漫反射模式
lighting	设置曲面光源模式	lightangle	球坐标系中的光源
material	设置图形表面对光照反映模式		

3.3.3.1　light 命令

light 命令为当前图形建立光源，其主要调用格式为 light('PropertyName',Property Value，…)，

PropertyName 属性名是一些用于定义光源的颜色、位置和类型等的变量名。

　　例 3.36　使用 light 命令为图形设置光源，Matlab 程序如下所示，运行结果如图 3.41 所示。

h = surf(peaks) ;
light(' Position ',[1 0 0] ,' Style ',' infinite ') ;

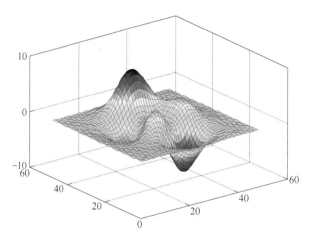

图 3.41　light 命令为图形设置光源

3.3.3.2　lighting 命令

lighting 命令用于设置曲面光源模式，其调用格式见表 3.19。

表 3.19　曲面光源模式命令

函数名	说　明
lighting flat	该函数为平面模式，以网格为光照的基本单元，这是系统默认的模式
lighting gouraud	该函数为点模式，以像素为光照的基本单元
lighting phong	以像素为光照的基本单元，并计算考虑了各点的反射
lighting none	关闭光源

　　例 3.37　使用 lighting 命令设置曲面的不同光源模式，Matlab 程序如下所示，运行结果如图 3.42 所示。

subplot(2,2,1)
mesh(peaks) ;
light(' Position ',[1 0 0] ,' Style ',' infinite ') ;
lighting none
title(' lighting none ') ;
subplot(2,2,2)
mesh(peaks) ;
light(' Position ',[1 0 0] ,' Style ',' infinite ') ;
lighting flat
title(' lighting flat ') ;

```
subplot(2,2,3)
mesh(peaks);
light('Position',[1 0 0],'Style','infinite');
lighting gouraud
title('lighting gouraud');
subplot(2,2,4)
mesh(peaks);
light('Position',[1 0 0],'Style','infinite');
lighting phong
title('lighting phong');
```

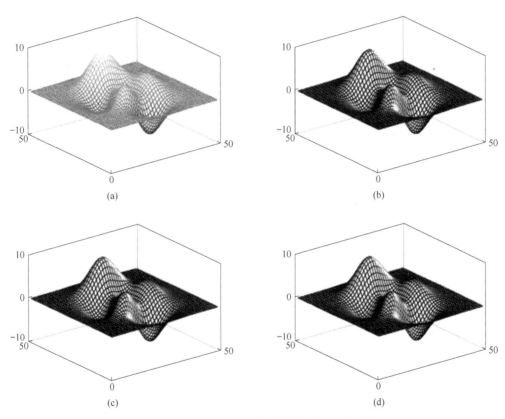

图 3.42　lighting 命令设置曲面的不同光源模式

3.3.3.3　material 命令

material 命令用于设置图形表面对光照的反映模式，其调用格式见表 3.20。

表 3.20　设置图形表面对光照的反映模式命令

函数名	说　明
material shiny	图形表面显示较为光亮的色彩模式
material dull	表面显示较为阴暗的色彩模式
material metal	表面呈现金属光泽的模式

续表 3.20

函数名	说　明
material([ka kd ks])	[ka kd ks] 用于定义图形的 ambient/diffuse/specular 三种反射模式的强度
material([ka kd ks n])	n 用于定义镜面反射的指数
material([ka kd ks n sc])	sc 用于定义镜面反射的颜色
material default	返回默认设置模式

例 3.38　使用 material 命令显示不同材质对光线的不同反映效果。Matlab 程序如下所示，运行结果如图 3.43 所示。

```
cc=[0,1,0]; p=30;
subplot(2,2,1)
sphere(p);
title(' material default ')
subplot(2,2,2)
sphere(p);
shading interp;
light(' Position ',[0 -2 1],' color ',cc)
material dull;
title(' material dull ');
subplot(2,2,3)
sphere(p);
shading interp
light(' Position ',[0 -2 1],' color ',cc);
material shiny;
title(' material shiny ');
subplot(2,2,4)
sphere(p);
shading interp;
light(' Position ',[0 -2 1],' color ',cc);
material metal;
title(' material metal ');
colormap(jet);
```

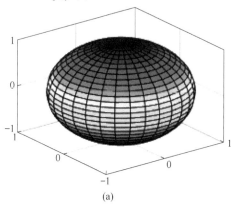

(a)

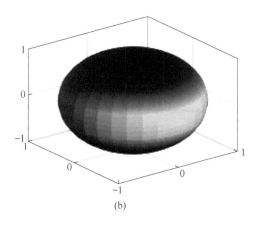

(b)

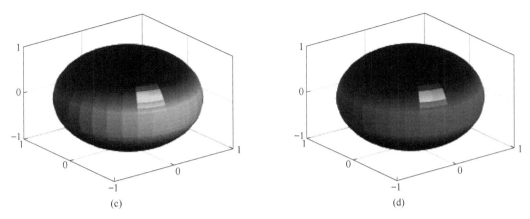

(c)　　　　　　　　　　　　　(d)

图 3.43　material 命令显示不同材质对光线的不同反映效果

3.3.4　图形裁剪与空间变换

3.3.4.1　图形裁剪

通过图像的裁剪操作能够得到图像的部分图形，Matlab 图像工具箱利用命令 imcrop 实现图像的裁剪，其一般的调用格式见表 3.21。

表 3.21　imcrop 实现图像的裁剪命令

函数名	说　明
I2 = imcrop(I) I2 = imcrop(I, rect)	用于对灰度图（包括二值图）进行裁剪，rect 指定裁剪的区域
X2 = imcrop(X, map) X2 = imcrop(X, map, rect)	用于对索引图进行裁剪，rect 指定裁剪的区域
RGB2 = imcrop(RGB) RGB2 = imcrop(RGB, rect)	用于对 RGB 图进行裁剪，rect 指定裁剪的区域

rect 为四元素向量 [xmin ymin width height]，分别表示矩形的左下角、右下角、长度和宽度，这些值在空间坐标中会指定。表 3.21 中 3 种调用格式若不指定 rect，则 Matlab 允许用户通过鼠标选定裁剪区域。

例 3.39　使用 imcrop 实现图形的裁剪。Matlab 程序如下所示，裁剪效果如图 3.44 所示。

```
I = imread('ckt-board. tif');          %读取一张图片
J = imcrop(I,[250,220,200,200]);       %对指定区域进行裁剪
subplot(1,2,1)
imshow(I);      %显示图片
subplot(1,2,2)
imshow(J)       %显示图片
```

3.3.4.2　图形空间变换

为使输入图像的像素位置映射到输出图像的新位置，需要对图像做旋转、平移、放大、缩小、拉伸或剪切等空间变换。图像空间变换是计算机图像处理的重要研究内容之一，Matlab 提供了相应的图形空间变换方法。

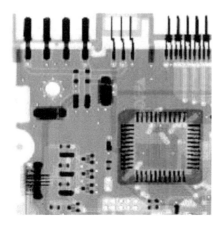

图 3.44   图形的裁剪效果

图形空间变换步骤如下：

（1）定义空间变换矩阵，空间变换矩阵及说明见表 3.22。

（2）创建变换结构体 TFORM，定义变换类型，具体描述见表 3.23。

（3）执行变换。

表 3.22   空间变换矩阵及说明

换类型	示例	变换矩阵	说　明
平移		$\begin{bmatrix} 1 & 0 & 0 \\ 0 & 1 & 0 \\ t_x & t_y & 1 \end{bmatrix}$	t_x 为指定沿 x 轴方向的位移，t_y 为指定沿 y 轴方向的位移
比例		$\begin{bmatrix} s_x & 0 & 0 \\ 0 & s_y & 0 \\ 0 & 0 & 1 \end{bmatrix}$	s_x 为指定沿 x 轴方向的比例系数，s_y 为指定沿 y 轴方向的比例系数
错切		$\begin{bmatrix} 1 & sh_x & 0 \\ sh_y & 1 & 0 \\ 0 & 0 & 1 \end{bmatrix}$	sh_x 为指定沿 x 轴方向的错切系数，sh_y 为指定沿 y 轴方向的错切系数
旋转		$\begin{bmatrix} \cos\theta & \sin\theta & 0 \\ -\sin\theta & \cos\theta & 0 \\ 0 & 0 & 1 \end{bmatrix}$	指定旋转的角度

表 3.23   TFORM 的定义变换类型

变换类型	描　述
'affine' 仿射变换	包括平移、旋转、比例和错切。变换后，直线仍是直线，平行线保持平行，但矩形有可能变为平行四边形

变换类型	描　述
'projective' 透视变换	变换后，直线仍是直线，但平行线变成汇聚指向灭点（灭点可以在图像内或图像外，甚至在无穷远点）
'box'	仿射变换的特例，每一维独立进行平移和比例操作
'custom'	用户自定义变换，提供被 imtransform 调用的正映射和反映射函数
'composite'	两种或更多种变换的合成

例 3.40 利用 Matlab 图形空间变换功能进行图形变换。Matlab 程序如下所示，运行结果如图 3.45 所示。

```
I = imread('checkeboard.tif');
xform = [1 0.2 0
         0.1 1 0
         40 40 1];
tform_translate = maketform('projective',xform);   %创建变换结构体
[J xdata ydata] = imtransform(I,tform_translate);   %执行空间变换
subplot(1,2,1)
imshow(I);
subplot(1,2,2)
imshow(J)
```

图 3.45　图形空间变换

3.4　Matlab 句柄绘图

在 Matlab 中，绘图函数将不同的曲线或曲面绘制在图形窗口中，而图形窗口是由不同的对象（如坐标轴、曲线、曲面或文字等）组成的图形界面，每次创建一个对象时，Matlab 就为它建立一个唯一的标识符，也称句柄，句柄中包含有该对象的相关属性参数，可以在后续程序中进行操作，获取属性值或改变其中的参数，以便达到不同的效果。利用

句柄操作函数可绘制出更精细、生动、具有个性的图形，并可开发专用绘图函数。Matlab
中较为常用的句柄操作函数见表 3.24。

表 3.24　常用的句柄操作函数

函　数	说　明
findobj	按照指定的属性来获取图形对象的句柄
gcf	获取当前的图形窗口句柄
gca	获取当前的轴对象句柄
gco	获取当前的图形对象句柄
get	获取当前的句柄属性和属性值
set	设置当前句柄的属性值

3.4.1　句柄图形体系

句柄图形体系如图 3.46 所示。

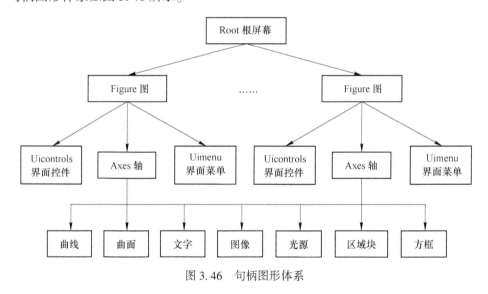

图 3.46　句柄图形体系

3.4.2　图形对象句柄的获取

对象句柄的获取主要有以下 5 种方法：

（1）从图形创建指令获得句柄。任意一条绘图指令都可以返回一个句柄，其句柄获取
形式如下。

```
h=figure;
h=plot(…);
h=mesh(…);
```

（2）追溯法获取图柄。已产生的句柄可通过 get 指令追溯，其句柄获取形式如下。

```
h_pa=get(h_now,'Parent');
h_ch=get(h_now,'Children');
```

（3）获取当前对象的句柄。部分当前对象句柄获取指令如下。

gcf：返回当前图形窗口的句柄

gca：返回当前轴的句柄

gco：返回鼠标最近点击的图形对象句柄

（4）搜索法。根据对象的属性名称及相应属性值查询相关信息来获取句柄，其句柄获取形式如下。

```
h=findobj('P1Name',P1Value);
h=findobj(h_ob,'P1Name',P1Value);
```

（5）标签法。根据对象的标签值查询相关对应并获取其句柄，其句柄获取形式如下。

```
Plot(x,y,'Tag','A4');h_ax=fondobj(0,'Tag','A4');
Plot(x,y);set(gca,'Tag','A4');h_ax=fondobj(0,'Tag','A4');
```

例 3.41 用追溯法查找所在图形窗的句柄。

Matlab 命令如下：

```
>> clf reset;
>> H_mesh=mesh(peaks(20))
>> H_grand_parent=get(get(H_mesh,'Parent'),'Parent')
>> disp('图柄      轴柄'),disp([gcf gca])
H_mesh=
        174.0076
H_grand_parent=
        1
    图柄      轴柄
        1.0      173.0056
```

例 3.42 用搜索法获取图形句柄。

Matlab 命令如下：

```
>> clf reset;
>> t=(0:pi/100:2*pi)';
>> tt=t*[1 1];
>> yy=sin(tt)*diag([0.5 1]);
>> plot(tt,yy);
>> Hb=findobj(gca,'Color','b')
Hb=
174.0088
```

3.4.3 对象属性的获取和设置

Matlab 可通过句柄获取对象的属性并对属性进行设置，其调用格式如下：

（1）get(Handle,PName)。Handle 为对象句柄，PName 为属性名称。如果在调用 get 函数时省略属性名称，则将返回句柄的所有属性值。

（2）set（Handle, P1Name, P1Value, P2Name, P2Value, …）。Handle 为对象句柄，P1Name、P2Name 为属性名称，P1Value、P2Value 为属性值。如果在调用 set 函数时省略全部属性名和属性值，则将显示出句柄所有的允许属性。

例 3.43　编写对象属性获取的代码。

```
>>x=0:pi/10:2*pi;
>>h=plot(x,sin(x));
>>set(h,'color','r','linestyle',':','marker','P');
>>get(h,'linestyle')
ans=
:
```

例 3.44　获取对象所有属性的代码。

```
>>x=0:pi/10:2*pi;
>>h=plot(x,sin(x));
>>set(h,'color','r','linestyle',':','marker','P');
>>get(h)
DisplayName: ''
Annotation: [1x1 hg.Annotation]
Color: [1 0 0]
LineStyle: ':'
LineWidth: 0.5000
Marker: 'pentagram'
MarkerSize: 6
MarkerEdgeColor: 'auto'
MarkerFaceColor: 'none'
XData: [1x21 double]
YData: [1x21 double]
ZData: [1x0 double]
BeingDeleted: 'off'
ButtonDownFcn: []
Children: [0x1 double]
Clipping: 'on'
CreateFcn: []
DeleteFcn: []
BusyAction: 'queue'
HandleVisibility: 'on'
HitTest: 'on'
```

Interruptible：' on '
Selected：' off '
SelectionHighlight：' on '
Tag："
Type：' line '
UIContextMenu：[ ]
UserData：[ ]
Visible：' on '
Parent：173. 0011
XDataMode：' manual '
XDataSource："
YDataSource："
ZDataSource："

例 3. 45 编写对象属性设置的代码。

```
>>x = 0:pi/10:4 * pi;
>>y = sin( x);
>>h = plot( x,y);
>>set( h,' color ',' r ',' linestyle ',':',' marker ',' P ');
>>set( gca,' XGrid ',' on ',' GridLineStyle ','-. ',' XColor ',[ 0. 5 0. 5 0]);
>>set( gca,' YGrid ',' on ',' GridLineStyle ','-. ',' XColor ',[ 0 1 1]);
```

若需要修改 Matlab 的默认属性，可使用 set(ancestor,' Default <Object> <Property >',
<Property_Val>) 命令行。

其中，ancestor 为某一层次的图形对象句柄，该句柄距离根对象越近，影响的对象就
越多，也就是说，若在根层次设置了默认属性，则所有的对象都将继承这个默认属性，若
在轴层次设置默认属性，则轴层次以下的对象都将继承该默认属性。下面举例说明设置对
象默认属性的方法。

例 3. 46 采用 Matlab 代码设置修改对象的默认属性，运行结果如图 3. 47 所示。

```
set( 0,' DefaultFigureColor ',[ 1 1 1]);        %修改默认的坐标轴背景色
set( 0,' DefaultAxesColor ',[ 0 0 0. 5]);       %修改坐标线的色彩
set( 0,' DefaultAxesXColor ',[ 0. 5 0 0]);
set( 0,' DefaultAxesYColor ',[ 0. 5 0 0]);      %修改文本的色彩
set( 0,' DefaultTextColor ',[ 0 0. 5 0]);
X = linspace( -pi,pi,100);
Y = sin( X);
plot( X,Y,' yX ');
grid on
title(' Change The Default Properties ');
legend(' sin ');
```

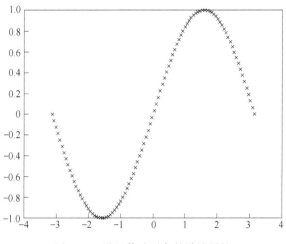

图 3.47　设置修改对象的默认属性

修改的默认属性在本次 Matlab 会话期间都有效，若关闭了 Matlab 再次启动之后，这些默认的属性就会恢复出厂设置。所以，若希望设置的默认属性在每次启动 Matlab 时都发挥作用，就需要在 startup. m 文件中添加修改默认设置的指令。

3.4.4　控制图形输出

Matlab 允许在同一次运行过程中打开多个图形窗口，所以当采用一个 Matlab 程序创建图形窗口来显示图形用户界面并绘制数据时，有必要对某些图形窗口进行保护，以免成为图形输出的目标，而相应的输出窗口要做好接受绘制新图形的准备。

默认情况下，Matlab 7.0 的图形创建函数在当前的图形窗口和坐标轴中显示图形。用户可以通过在图形创建函数中使用明确的 Parent 属性直接指定图形的输出位置。例如 plot（1：10，'Parent'，axes_handle），其中，axes_handle 是目的坐标轴的句柄。

Matlab 的高级图形函数在绘制图形前先要检查 NextPlot 属性，然后决定是添加还是擦除重置图形和坐标轴。而低级对象创建函数则不检查 NextPlot 属性，只是简单地在当前窗口和坐标轴中添加新的图形对象。

NextPlot 属性的可能取值见表 3.25。

表 3.25　NextPlot 属性的可能取值

功能	图形窗口	坐标轴
Add	添加新的图形而不擦除或重置当前窗口	添加新的图形而不擦除或重置当前坐标轴
Replacechildren	删除所有子对象但不重置窗口属性，等同于 clf 函数	删除所有子对象但不重置坐标轴属性，等同于 cla 函数
Replace	删除所有子对象并将窗口重置为默认属性，等同于 clf 函数	删除所有子对象并将坐标轴重置为默认属性，等同于 cla 函数

函数 my_plot 使用低级函数 line 语法来绘制数据，虽然 line 函数并不检查图形窗口和坐标轴的 NextPlot 属性值，但是 newplot 的调用使得函数 my_plot 与高级函数 plot 执行相同的操作，即每一次用户调用该函数时，函数都对坐标轴进行清除和重置。my_plot 函数使用 newplot 函数返回的句柄来访问图形窗口和坐标轴。该函数还设置了坐标轴的字体属性并禁止使用图形窗口的菜单。调用 my_plot 函数的语句如下，绘图结果如图 3.48 所示。

```
function my_newplot(x,y)
%newplot 返回当前坐标轴的句柄
cax=newplot;
LSO=['- ';'--';': ';'-. '];
set(cax,'FontName','Times','FontAngle','italic')
line_handles=line(x,y,'Color','b');
style=1;
for i=1:length(line_handles)
if style>length(LSO),style=1;end
set(line_handles(i),'LineStyle',LSO(style,:))
style=style+1;
end
grid on
my_newplot(1:10,peaks(10))
```

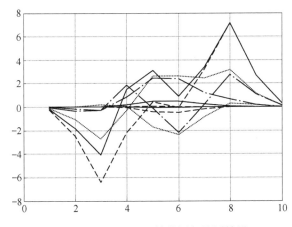

图 3.48　my_plot 函数的语句绘图结果

复习思考题

3.1　在 $[0, 2\pi]$ 区间内绘制曲线 $y = 2e - 0.5x\cos(4\pi x)$。

3.2　采用 plot3 函数写出图 3.49 组合函数（$x=\cos t$、$y=\sin t$、$z=t$）的绘制方法。

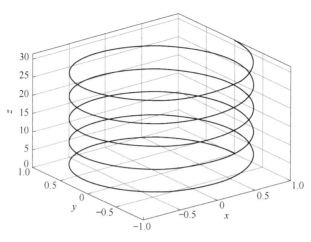

图 3.49   组合函数图

3.3   用 mesh 或 surf 函数绘制 $z = -\dfrac{x^2}{10} + \dfrac{y^2}{10}$ 方程所表示的三维空间曲面，x 和 y 的取值范围设为 $[-3，3]$。

3.4   Matlab 对于数据的处理包含哪些内容？

4 Matlab APP designer 设计

4.1 APP designer 概述

APP designer 是一个用于构建 Matlab 应用程序的环境。它简化了布置用户界面可视组件的过程，包括一整套标准用户界面组件，以及一组用于创建控制面板和人机交互界面的仪表、旋钮、开关和指示灯。

APP designer 集成了构建应用程序的两个主要任务：布置可视化组件和设定应用程序行为。APP designer 可以在画布中的可视化设计和集成版本的 Matlab 编辑器中的代码开发之间快速移动。利用嵌入的编辑器，只需一次点击即可添加新属性、回调和其他函数。

APP designer 还可生成面向对象的代码。使用这种格式可以方便地在应用程序的各部分之间共享数据。精简的代码结构使理解和维护变得更加容易。应用程序存储为单个文件，其中包含布局和代码。用户可以使用单个文件共享应用程序，也可以使用支持代码和数据将它们打包并安装到应用程序库中。

4.2 APP designer 创建

4.2.1 进入软件

首先电脑必须配置好 Matlab 软件，由于 APP designer 是近些年新引入的开发功能，所以需要安装 2016a 及其以上版本。

4.2.2 新建 APP designer

新建 APP designer 主要有两个方法，具体如下。

（1）方法一。在 Matlab 运行的主页上，选择"新建"，然后以此在下级菜单中选择"应用程序"后，选择"APP designer"，新建一个应用；然后以此在下级菜单中选择"APP"。

（2）方法二。在 Matlab 运行的左上角直接点击"APP"，然后点击设计 APP。

两种方法都会出现 APP 设计工具首页，点击空白 APP 即可新建新的 APP。创建了新的 APP designer 后，接着就可以进行一系列的操作。

4.2.3 常用组件功能介绍

常用组件功能介绍见表 4.1。

表 4.1 常用组件功能

控件名称	属性名称	图标样式	功能描述
下拉框	DropDown	下拉框	控制下拉列表的外观和行为
列表框	ListBox	列表框	用于显示列表中的项目
单选按钮组	ButtonGroup	单选按钮组	用于管理一组互斥的单选按钮和切换按钮的容器
图像	Image	图像	控制图像组件的外观和行为
坐标区	UIAxes	坐标区	输出图形、函数等的区域
按钮	Button	按钮	控制按钮的外观和行为
文本区域	TextArea	文本区域	用于输入多行文本
标签	Label	标签	控制标签外观
滑块	Slider	滑块	允许沿某个连续范围选择一个值，可通过属性控制滑块的外观和行为
编辑字段（数值）	EditField	编辑字段(文本)	用于输入文本
选项卡组	TabGroup	选项卡组	用来对选项卡进行分组和管理的容器

4.3 APP designer 实例

4.3.1 APP designer 简单实例

首先打开 APP 设计工具首页，在常规示例中随意打开一个，本次简单实例打开第一个交互式教程，具体步骤如下：

（1）跟随教程第 1 步，将坐标区组件拖放到中间桌布上；

（2）跟随教程第 2 步，将滑块组件拖放到中间桌布上；

（3）双击 Slider，输入 Amplitude 来替换滑块的默认标签文本"Slider"；

（4）点击代码视图可看到 APP 代码并编写代码，APP 设计工具包含一个设计视图和一个代码视图，设计视图用于设计 APP，而代码视图则用于编写 APP；

（5）右键点击 app. AmplitudeSlider. 然后选择回调并点击添加 ValueChangedFcn 回调，

可以使用回调函数来相应用户交换；

（6）跟随教程在白色区域输入代码；

（7）输入第一个代码后跟随教程输入第二个代码；

（8）点击运行来保存 APP 并运行该 APP；

（9）显示结果。

这就是一个简单的 APP 实例，可以通过调节不同的 Amplitude 来调出不同的图例。

4.3.2　APP designer 较为复杂的实例

学习了简单基础的 APP designer 实例后，可以自己做一个较为复杂有难度的 APP，具体步骤如下。

（1）选择标签组件拉到中间桌布并输入文本标题；

（2）选择编辑字段（文本）组件，拉到中间桌布并输入字段名称；

（3）选择按钮组件，添加三个按钮；

（4）添加两个坐标区组件后再添加两个文本区域组件为坐标命名；

（5）添加滑块组件，更改滑块名称并调整滑块刻度；

（6）添加下拉框组件，该组件是这个评价系统中图片的不同种类，并添加不同种类的名称；

（7）添加坐标区组件；

（8）添加下拉框组件，该组件是这个评价系统的计算方式；

（9）添加一个按钮组件，此时设计视图部分就全部完成；

（10）浏览文件后，文件会在图像路径中显示，所以可在“”浏览组件上设置一个回调，并输入与图像路径相关的代码；

（11）在读取图片文件后，图片会显示在第一个原图坐标里，所以对“读取”组件设置回调，并输入与第一个坐标有关的代码；

（12）对组件“灵敏度调整”设置 SliderValueChanged 回调并输入相关代码；

（13）对“开始计算”组件设置回调并输入相关代码；

（14）对“另存为”组件设置回调并输入相关代码，此时就已经完成这个 APP 的所有设计部分；

（15）点击运行并将 APP 保存；

（16）点击浏览选择需要评价的图片，点击读取后图片会出现在左边坐标中，再选择不同图片方式和不同的灵敏度并开始计算，最下面的坐标就会出现不同灵敏度和图片方式对图片质量的影响。

复习思考题

4.1　新建 APP designer 有几种方法？

4.2　APP designer 集成了构建应用程序的哪几个任务？

5 Matlab 机器学习算法的实现及工程应用

5.1　BP 神经网络

BP（Back Propagation）神经网络是 1986 年以 Rumelhart 和 McClelland 为首的科学家提出的概念，是一种按照误差逆向传播算法训练的多层前馈神经网络，是应用最广泛的神经网络模型之一[8]。神经元模型是模拟生物神经元结构而被设计出来的。典型的神经元结构如图 5.1 所示。

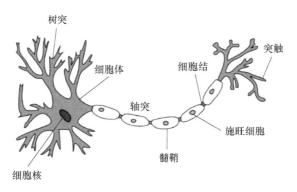

图 5.1　典型神经元的结构

同理，神经网络结构就是为了模拟上述过程。典型的神经网络结构如图 5.2 所示，第零层是输入层（5 个神经元），第一层是隐含层（3 个神经元），第二层是输出层。

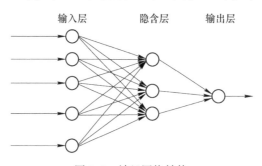

图 5.2　神经网络结构

BP 神经网络预测 Matlab 代码实现过程如下：
（1）建立文件夹' BP 神经网络'；
（2）建立测试集' test. mat '与训练集' train. mat '；

（3）在 Matlab 中打开文件夹' BP 神经网络';

（4）输入代码并运行，结果显示平均绝对误差为 0.48013、均分误差为 207737.8559、均方根误差为 455.7827、决定系数为 0.86429。

全部代码扫描本章二维码查看。

例 5.1 用 BP 神经网络预测汽油浓度。

具体步骤如下：

（1）数据集 spectra_data. mat 中有两组数据，即数据集 **P** 和 **T**，在这一组数据中，有 60 条数据，每条数据有 401 个特征值，取其中一部分作为训练，一部分作为测试。

（2）调整数据集。%% 这里函数的作用就是对 p_train 数据进行归一化处理［p_train，ps_input］= mapminmax（P_train，0，1）;

（3）将 50 个数据作为训练，10 个数据作为测试，为保证模型的广泛性，随机抽取 50 个数据作为训练集，代码如下：

```
temp = randperm( size( NIR,1)) ;        %打乱 60 个样本排序
disp( temp( 1:50))
% 训练集——50 个样本
P_train = NIR( temp( 1:50) , :)';
T_train = octane( temp( 1:50) , :)';
% 测试集——10 个样本
P_test = NIR( temp( 51:end) , :)';
T_test = octane( temp( 51:end) , :)';
N = size( P_test,2) ;
```

（4）当数据集处理完成之后就要进行神经网络的训练，代码如下：

```
% 1. 创建网络
net = newff( p_train,t_train,9) ;        %9 是隐含层神经元的个数
% 2. 设置训练参数
net. trainParam. epochs = 1000;          %迭代次数
net. trainParam. goal = 1e−3;            %mse 均方根误差小于这个值训练结束
net. trainParam. lr = 0. 01;             %学习率
% 3. 训练网络
net = train( net,p_train,t_train) ;
% 4. 仿真测试
t_sim = sim( net,p_test) ;              %返回 10 个样本的预测值
```

（5）处理完成之后，将处理后的数值在［0，1］之间的进行复原，代码如下：

```
T_sim = mapminmax(' reverse',t_sim,ps_output) ;   %reverse 反数据归一化的结果
```

（6）评测这个模型的性能，并以图的方式展示出来，代码如下：

```
%% V. 性能评价
% 1. 相对误差 error
```

error＝abs(T_sim − T_test)./T_test;

% 2. 决定系数 R^2

R2＝(N * sum(T_sim.* T_test) − sum(T_sim) * sum(T_test))^2/((N * sum((T_sim).^2)−(sum(T_sim))^2) * (N * sum((T_test).^2)−(sum(T_test))^2));

% 3. 结果对比

result＝[T_test ' T_sim ' error ']　%输出真实值,预测值,误差

%% VI. 绘图

figure

plot(1:N,T_test,'b: *',1:N,T_sim,'r−o ')

legend('真实值','预测值')

xlabel('预测样本')

ylabel('辛烷值')

string＝{'测试集辛烷值含量预测结果对比';[' R^2＝' num2str(R2)]};

title(string)

BP 神经网络预测汽油浓度的全部代码扫描本章二维码查看,预测结果如图 5.3 所示。

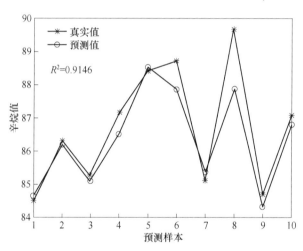

图 5.3　测试集辛烷值含量预测结果对比

5.2　RBF、GRNN 和 PNN 神经网络

5.2.1　RBF 神经网络

RBF 神经网络是一种多维空间插值技术,其原理图如图 5.4 所示。由图 5.4 可知,RBF 神经网络主要由输入层、隐含层和输出层组成,其中 $X_n(n＝1,2,\cdots,n)$ 为输入层的初始数据,通过传递信息到隐含层,隐含层再传递到输出层,对应 $Y_n(n＝1,2,\cdots,n)$ 为输出数据。

假设存在一个样本集合 U,则第 i 个 $(i＝1,2,3,\cdots,p,p$ 为样本总数) 输入样本表示为:

$$X_i = \{X_1^i, X_2^i, \cdots, X_n^i\}$$

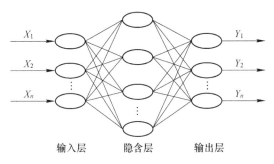

图 5.4　RBF 神经网络结构原理图

隐含层中，常选用高斯函数作为激活函数，其表达为：

$$X_i = \{ X_1^i,\ X_2^i,\ \cdots,\ X_n^i \}\, R(X_p - \boldsymbol{c}_i) = \exp\left(-\frac{1}{2\sigma^2} \parallel X_p - \boldsymbol{c}_i \parallel^2 \right)$$

式中，$\parallel X_p - \boldsymbol{c}_i \parallel$ 为欧氏范数；$\boldsymbol{c}_i$ 和 σ 分别为高斯函数的中心向量和方差。

对应地，RBF 神经网络的输出层函数表达为：

$$Y_i = \sum_{i=1}^{h} w_{ij} \exp\left(-\frac{1}{2\sigma^2} \parallel X_p - c_i \parallel^2 \right) \quad (j = 1,\ 2,\ \cdots,\ n)$$

式中，w_{ij} 为隐含层和输出层之间的权值系数；h 为隐含层节点数；Y_i 为对应第 j 个节点的实际输出结果。

一般来说，RBF 神经网络通常由以下过程实现：

（1）结合具体分析对象，根据试验数据或理论模型的计算结果选取样本数据。

（2）对样本数据进行归一化处理，表示为：

$$D_i(k) = D_{\min} + \frac{D_{\max} - D_{\min}}{X_{i,\max} - X_{i,\min}} (X_i(k) - X_{i,\min})$$

式中，$X_i(k)$ 为第 k 个样本对应的响应值；$X_{i,\max}$ 和 $X_{i,\min}$ 为样本集合 X 的最大值和最小值；$D_{\max}$ 和 $D_{\min}$ 为归一化后的最大值和最小值。

（3）输入归一化后的样本，建立 RBF 神经网络，通过自动增加隐含层神经元数目以减小均方误差，直至训练模型达到指定精度要求。

（4）根据训练完成的模型，输入已知值即可获得预测数据，对预测数据进行反归一化处理可得到有效的预测值。

5.2.2　GRNN 神经网络

广义回归神经网络（GRNN）是由施佩西特博士于 1991 年提出的，它的结构类似于径向基函数网络，它由径向基函数（RBE）网络层和一个线性网络层构成，包括输入层、模式层、求和层和输出层。其结构如图 5.5 所示。

GRNN 通过计算训练数据的输入、输出和测试数据的输入，得到条件概率密度函数，从而进一步得到测试数据的输出。GRNN 只需要选择一个网络参数，而其他神经网络一般需要选择多个参数，因此 GRNN 在网络搭建上有着较强的优势。输入层神经元的个数为输入样本数据的 $X = \{ x_1,\ x_2,\ x_3,\ \cdots,\ x_n \}$ 的维度。

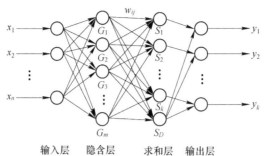

图 5.5　GRNN 的结构图

模式层中神经元节点数 m 等于样本的总容量 M，每一个神经元都对应一个目标航迹点，其第 i 个神经元的输出 G_i 为：

$$G_i = \exp\left[-\frac{(X - X_i^{\mathrm{T}})(X - X_i)}{2\sigma^2}\right] \quad (i = 1,\ 2,\ 3,\ \cdots,\ m)$$

式中，X 为网络输入向量，是模式层中第 i 个节点对应的学习样本；σ 为平滑因子，σ 的取值决定输入向量与学习样本之间的误差。

求和层由两部分构成，第一部分是计算模式层节点与连接权值的内积之和，即：

$$S_j = \sum_{i=1}^{m} w_{ij} P_i \quad (j = 1,\ 2,\ 3,\ \cdots,\ k)$$

第二部分是模式层节点的算术和，其数学表达式为：

$$S_D = \sum_{i=1}^{m} P_i$$

输出层 y 的神经元个数与目标航迹数 k 相同，各神经元的输出为求和层中两种求和结果相除，即：

$$y_j = \frac{S_j}{S_D} \quad (j = 1,\ 2,\ 3,\ \cdots,\ k)$$

GRNN 以样本数据作为后验条件，通过 Parzen 非参数估计方法来计算概率密度函数，进而获得广义回归神经网络的最大输出概率。GRNN 的理论基础是非线性回归分析，设随机变量 x 观测值为 X，随机变量 x，y 的联合概率密度函数为 $f(x,\ y)$，则 y 相对于 X 的回归，也即条件均值为：

$$\hat{Y} = E(y \mid X) = \frac{\displaystyle\int_{-\infty}^{+\infty} y f(X,\ y)\,\mathrm{d}y}{\displaystyle\int_{-\infty}^{+\infty} f(X,\ y)\,\mathrm{d}y}$$

式中，$\hat{Y}$ 为在 X 的输入条件下，Y 的预测输出。

应用 Parzen 来进行非参数估算密度函数，具体表达式为：

$$\hat{f}(X,\ y) = \frac{1}{m(2\pi)^{\frac{n-1}{2}}\sigma^{n+1}} \sum_{i=1}^{m} \exp\left[-\frac{(X - X_i)^{\mathrm{T}}(X - X_i)}{2\sigma^2}\right] \exp\left[-\frac{(X - Y_i)^2}{2\sigma^2}\right]$$

式中，X_i，Y_i 为随机变量 x 和 y 的样本观测值；m 为样本容量；n 为随机变量 x 的维数；σ 为高斯函数的宽度系数，也称为平滑因子。

网络的输出 $\hat{Y}(X)$ 为：

$$\hat{Y}(X) = \frac{\sum\limits_{i=1}^{n} Y_i \exp\left[-\frac{(X-X_i)^{\mathrm{T}}(X-X_i)}{2\sigma^2} \right]}{\sum\limits_{i=1}^{n} \exp\left[-\frac{(X-X_i)^{\mathrm{T}}(X-X_i)}{2\sigma^2} \right]}$$

GRNN 的误差由平滑因子 σ 决定，当 σ 的值很大时，误差接近所有样本因变量的均值；当 σ 接近零时，误差和训练样本的误差很小，因此选择合适的 σ 对于 GRNN 的确定是很重要的。

5.2.3 PNN 神经网络

概率神经网络是径向基神经网络中的一种，它将密度函数估计与贝叶斯决策理论融入传统的径向基神经网络，训练过程简单、收敛迅速。PNN 神经网络结构由输入层、隐含层、求和层和输出层组成，如图 5.6 所示。

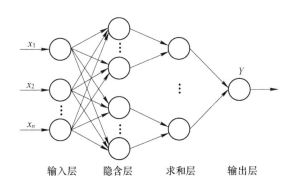

图 5.6 PNN 网络结构

在输入层将待分类的样本 d 维数据 $\boldsymbol{x} = (\boldsymbol{x}_1, \boldsymbol{x}_2, \cdots, \boldsymbol{x}_d)^{\mathrm{T}}$ 输入网络。接收数据后，隐含层中第 i 个类别所对应的第 j 个神经元的输出 $\varphi_{ij}(x)$ 为：

$$\varphi_{ij}(x) = \frac{1}{(2\pi)^{d/2}\sigma^d} \exp\left[-\frac{(\boldsymbol{x}-\boldsymbol{x}_{ij})^{\mathrm{T}}(\boldsymbol{x}-\boldsymbol{x}_{ij})}{2\sigma^2} \right]$$

式中，x 为训练样本的总类别数；d 为样本数据的维度；σ 为平滑因子；$\boldsymbol{x}_{ij}$ 为模式层中第 i 类中第 j 个中心矢量。

求和层负责把同一类别的神经元输出先求和再作平均，得到 $f_{i,k_i}(x)$ 为：

$$f_{i,k_i}(x) = \frac{1}{k_i} \sum_{j=1}^{k_i} \varphi_{ij}(x)$$

式中，k_i 为第 i 类训练样本的数量。

将求和层得到的 m 个输出分别乘上相应类别的先验概率 ρ_i，取最大值所对应的类别作为测试样本的期望类别 $\eta(x)$：

$$\eta(x) = \mathrm{argmax}\left[\rho_i f_{i,k_i}(x)\right]$$

$$\rho_i = k_i/n$$

式中，n 为隐含层神经元个数，即为训练样本总个数。

以辛烷值含量预测为例，RBF 神经网络预测 Matlab 代码扫描本章二维码查看，预测结果如图 5.7 所示。

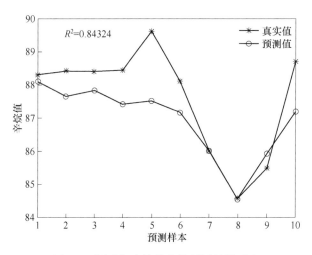

图 5.7   测试集辛烷值含量预测结果对比

以辛烷值含量预测为例，将 GRNN 和 PNN 神经网络对比，得到的运行时间和正确率对比图如图 5.8 和图 5.9 所示，详细代码扫描本章二维码查看。

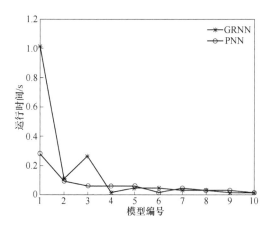

图 5.8   10 个模型的运行时间对比

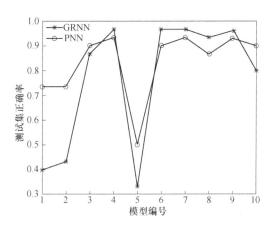

图 5.9   10 个模型的测试集正确率对比

例 5.2 采用严格（exact）RBF 进行非线性函数的回归拟合，全部代码扫描本章二维码查看，运行结果如图 5.10 所示。

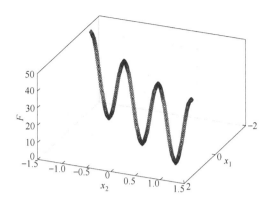

图 5.10 exact 径向基网络拟合效果

例 5.3 采用 RBF 网络对同一函数进行拟合，全部代码扫描本章二维码查看，运行结果如图 5.11 所示。

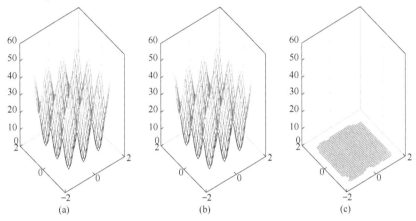

图 5.11 Approximate RBF 神经网络拟合效果比较图和误差图

(a) 真正的函数图像；(b) RBF 神经网络结果；(c) 误差图像

例 5.4 采用 GRNN 的数据预测基于广义回归神经网络的货运量，全部代码扫描本章二维码查看，运行结果如图 5.12 所示。

```
命令行窗口
最佳spread值为0.5
此时最佳输入值为
desired_input =
    -1.0000   -0.8993   -0.7948   -0.5023   -0.2955   -0.0574    0.1602    0.6652    1.0000
    -0.9998   -1.0000   -0.1291   -0.0072    0.2070    0.3417    0.5137    0.7838    1.0000
    -1.0000   -0.8616   -0.4969   -0.4969    0.1950    0.3333    0.4465    0.6604    1.0000
    -1.0000   -0.5385   -0.0769    0.5385    0.2308    0.3846    0.3846    0.6923    1.0000
    -1.0000   -0.9429   -0.9175   -0.7778   -0.5937   -0.3270   -0.0286    0.5619    1.0000
    -1.0000   -1.0000   -1.0000   -0.5000   -0.3000   -0.2000    0.0000    0.5000    1.0000
     0.0141   -1.0000    0.0187    0.0187    0.2477    0.3682    0.4944    0.7735    1.0000
    -1.0000   -0.9211   -0.8826   -0.9563   -0.7786   -0.6099   -0.3042    0.2843    1.0000
此时最佳输出值为
desired_output =
    -1.0000   -0.9839   -0.9838   -0.7127   -0.4503   -0.2463    0.0126    0.5394    1.0000
    -1.0000   -0.9040   -0.8604   -0.6403   -0.3950   -0.2293   -0.0769    0.4116    1.0000
    -1.0000   -0.8020   -0.8042   -0.5446   -0.2471   -0.0500    0.0416    0.4693    1.0000
```

图 5.12 命令行窗口运行结果

例 5.5　以 PNN 的变压器故障诊断为例,采用概率神经网络进行分类预测。训练数据网络图和预测数据网络图如图 5.13 和图 5.14 所示。

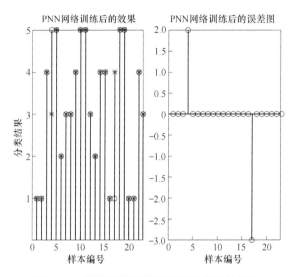

图 5.13　训练后训练数据网络的分类效果图

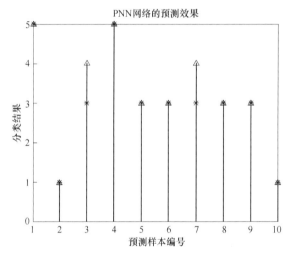

图 5.14　预测数据网络的分类效果图

由图 5.14 可见,在训练后,将训练数据作为输入,代入已经训练好的 PNN 网络中,只有两个样本判断错误,并且用预测样本进行验证时,也只有两个样本即两种变压器的故障类型判断错误。最后得到的 PNN 网络可以用来进行更多样本的预测。

5.3　竞争神经网络与 SOM 神经网络

5.3.1　竞争神经网络

竞争神经网络的竞争学习过程是对输入矢量的聚类过程。一个竞争神经网络的结构可分为输入层和竞争层，其中 IW 为其连接权值，竞争网络结构如图 5.15 所示。

其基本计算方法如图 5.16 所示，输入向量 P 和权值向量 IW 经过 $\| ndist \|$ 计算，计算后输出 $S^1 \times 1$ 维的列向量，列向量中各元素为向量 P 与 IW 欧氏距离的负数，之后再与一个阈值 b 相加，得到 n^1 作为竞争层传输函数的输入，此时 n^1 中最大的元素即是竞争过程的获胜者，竞争层传输函数输出 1，而其余元素输出均为零。

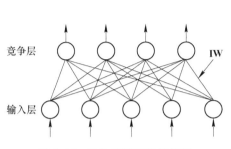

图 5.15 竞争神经网络结构图

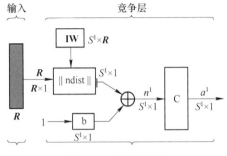

图 5.16 计算方法图

5.3.2 SOM 神经网络

SOM 神经网络是由芬兰专家 Teuvo Kohonen 于 1981 年首次提出，属于引入自组织特性的竞争神经网络。自组织现象源自人类大脑细胞的自组织特性，不同区域的脑细胞"各司其职"，自行对应处理不同的感官输入，该特性并不完全取决于遗传，相比而言，其对后天的学习和训练依赖性更强。

典型的 SOM 神经网络模型二维阵列结构如图 5.17 所示，包含输入层和竞争层（输出层）两层网络。输入层共有 m 个神经元，竞争层中引入了网络拓扑结构，含有 $a \times b$ 个神经元且以矩阵方式排列在二维空间中，两层网络的各神经元之间全连接，可将输入层类比为感知外。

SOM 神经网络与竞争神经网络均采用无监督的学习方式（代码扫描本章二维码查看），两者最大的异同点在于 SOM 神经网络能够识别输入空间的邻域部分，能够对训练样本输入向量的分布特征及拓扑结构进行同步学习。

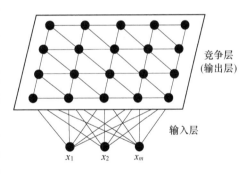

图 5.17 二维阵列 SOM 神经网络模型

通常模式的相似性是通过表征两种模式的向量之间的距离大小进行判定，两向量的相似性程度与计算的距离呈负相关。SOM 神经网络输入模式以模式相似性为依据进行学习、竞争、分类，通过对比、竞争、调整、排序来模拟人的生物神经元网络认知过程的特性。在抽油机故障诊断过程中，SOM 神经网络可实现不同工况的聚类和可视化，同时从输入端到输出端的高维到低维的数据维度和非线性统计关系到可视化的简单几何关系均发生了转化，当转化为神经元二维模型后，其数据拓扑结构保持不变，即将意义相似的输入信息映射到竞争层中最近的输出节点上。

竞争神经网络与 SOM 神经网络预测 Matlab 代码实现过程扫描本章二维码查看。

例 5.6　采用单层竞争神经网络的数据分类预测患者癌症发病全部代码扫描本章二维码查看，运行结果如图 5.18 所示。

```
命令行窗口
   列 1 至 16

      0   0   1   1   1   1   1   1   1   1   1   1   1   1   1   1
      1   1   0   0   0   0   0   0   0   0   0   0   0   0   0   0

   列 17 至 20

      0   1   1   1
      1   0   0   0


yc =

   列 1 至 16

      2   2   1   1   1   1   1   1   1   1   1   1   1   1   1   1

   列 17 至 20

      2   1   1   1
```

图 5.18　命令行窗口运行结果

例 5.7　采用 SOM 神经网络的数据分类诊断柴油机故障全部代码扫描本章二维码查看，运行结果如图 5.19 所示。

```
yc =

      2    4    2    5    6    4    2    5
      1   24    1   30    7   36    2    2
     36   13   36   25   30    1   18   35
     36   31   24    2   16    1   28    6
     36   31   35    3   16   13   28    6
     36   31   35    4   16    1   28   12
      6   31   18   14   16    1   28   36


rr =

      5
```

图 5.19　命令窗口运行结果

5.4　支持向量机

支持向量机（support vector machine，SVM）是一类按监督学习方式对数据进行二元分类的广义线性分类器，其决策边界是对学习样本求解的最大边距超平面。

SVM 使用铰链损失函数计算经验风险并在求解系统中加入了正则化项以优化结构风险，是一个具有稀疏性和稳健性的分类器。SVM 可以通过核方法进行非线性分类，是常见的核学习方法之一，用于解决二分类和多分类问题。

5.4.1　二分类

　　fitcsvm 训练或交叉验证支持向量机（SVM）模型在低维或中维预测数据集上的一类和二类（binary）分类。fitcsvm 支持使用核函数映射预测数据，并支持通过二次规划实现目标函数最小化的顺序、迭代单数据算法或 L_1 软边界最小化。

5.4.1.1　线性

　　采用二分类解决线性问题的代码扫描本章二维码查看，运行结果如图 5.20 所示。该实验得到一个硬间隔最大化的分隔超平面。

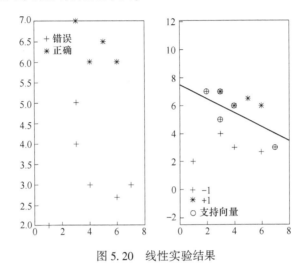

图 5.20　线性实验结果

5.4.1.2　非线性

采用二分类解决非线性问题的代码扫描本章二维码查看，运行结果如图 5.21 所示。

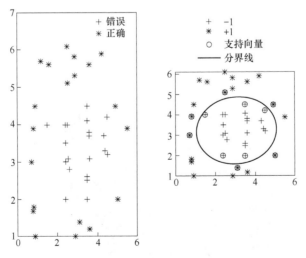

图 5.21　非线性实验结果

5.4.2 多分类

一对多法（one-versus-rest，OVR）训练时依次把某个类别的样本归为一类，其他剩余的样本归为另一类，这样 k 个类别的样本就构造出了 k 个 SVM。分类时将未知样本分类为具有最大分类函数值的那类。

假如有四类要划分，设为 A、B、C、D，抽取训练集的过程如下：

（1）A 所对应的向量作为正集，B、C、D 所对应的向量作为负集；

（2）B 所对应的向量作为正集，A、C、D 所对应的向量作为负集；

（3）C 所对应的向量作为正集，A、B、D 所对应的向量作为负集；

（4）D 所对应的向量作为正集，A、B、C 所对应的向量作为负集。

使用这 4 个训练集分别进行训练，然后得到 4 个训练结果文件。在测试的时候，把对应的测试向量分别利用这 4 个训练结果文件进行测试，最后每个测试都有一个结果 $f_1(x)$、$f_2(x)$、$f_3(x)$、$f_4(x)$，最终的结果便是这 4 个值中最大的一个作为分类结果。

多分类数据分布代码扫描本章二维码查看，运行结果如图 5.22 所示。

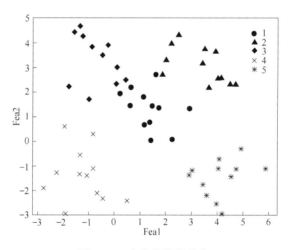

图 5.22 多分类数据分布

例 5.8 以鸭子图像为例，采用 SVM 进行图像分割，代码扫描本章二维码查看，运行结果如图 5.23 所示。

图 5.23 分割后的鸭子图像

5.5 极限学习机

极限学习机是一种针对单隐层神经网络的算法，将改变权值阈值反向更新的规则改为随机取值，减少了大量计算，使该方法的计算时间大幅减少，学习速度上比传统方法更快。

单隐层网络表示为：

$$\sum_{i=1}^{L} \boldsymbol{\beta}_i g(x)(\boldsymbol{w}_i \cdot X_j + b_i) = o_j \quad (j = 1, \cdots, N)$$

式中，$g(x)$ 为激活函数；$\boldsymbol{w}_i$ 为输入权重矩阵，$\boldsymbol{w}_i = [w_{i1}, w_{i2}, \cdots, w_{in}]^T$，$\boldsymbol{\beta}_i$ 为输出权重矩阵，$\boldsymbol{\beta}_i = [\beta_{i1}, \beta_{i2}, \cdots, \beta_{im}]^T$；$b_i$ 为第 i 个隐含层的阈值。

通过学习后的输出误差更小，输出矩阵公式为：

$$\boldsymbol{H} \times \boldsymbol{\beta} = \boldsymbol{T}$$

$$\boldsymbol{H} = \begin{bmatrix} g(W_1 \cdot X_1 + b_1) & \cdots & g(W_L \cdot X_1 + b_L) \\ \vdots & & \vdots \\ g(W_1 \cdot X_N + b_1) & \cdots & g(W_L \cdot X_N + b_L) \end{bmatrix}_{N \times L}$$

$$\boldsymbol{\beta} = [\beta_1, \cdots, \beta_L]_{L \times m}^T$$

$$\boldsymbol{T} = [t_1, \cdots, t_S]_{S \times m}^T$$

式中，$\boldsymbol{H}$ 为隐含层的输出矩阵；$\boldsymbol{\beta}$ 为输出权重矩阵；$\boldsymbol{T}$ 为期望输出矩阵。

ELM 中一旦输入权重 $\boldsymbol{w}_i$ 与隐含层阈值 b_i 被随机选中就不会再更改，这也是与传统反向神经网络最大的不同之处，这个特点使极限学习机的运行时间大幅减少。

极限学习机的 Matlab 代码实现过程扫描本章二维码查看，运行结果如图 5.24 所示，结果显示误差平方和为 166.0484、均方误差为 16.6048、平均相对误差为 0.3086。

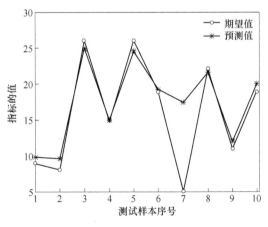

图 5.24 期望值与预测值

例 5.9 极限学习机在回归拟合问题中的应用研究代码扫描本章二维码对应查看，运行结果如图 5.25 和图 5.26 所示。

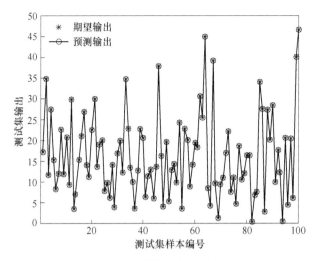

图 5.25　测试集输出预测结果对比

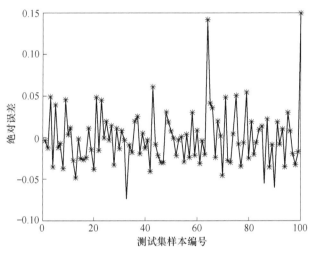

图 5.26　测试集输出预测误差

5.6　决策树与随机森林

5.6.1　决策树

决策树是一种实现分治策略的层次数据结构。该算法是一种能够进行分类与回归的高效非参数学习算法，可以从一组具有特点和标记的资料中归纳出一套判别准则，并利用树形的形式将其表示出来，从而求解出一种归类与回归问题。

决策树的产生是一个递推过程，包括三种情况。一是目前结点所含的所有样品都是一个类，不需要进行分类；二是当前的属性集合为空白，或者在全部的数据中都具有同样的属性值，则将目前的数据作为一个叶子的节点，并且设置它为数据样本最大的一个分类；

三是目前节点所含的样本集为空白，无法进行分割，因此，将目前节点作为"叶节点"，设置该节点的类型为其父结点中数据样本最大的一个类。

5.6.2 随机森林

随机森林基本组成单元是决策树，又称为分类回归树。分类回归树的基本思想是一种二分递归分割方法，在计算过程中充分利用二叉树，在一定的分割规则下将当前样本集分割为两个子样本集，使得生成的决策树的每个非叶节点都有两个分枝，这个过程又在子样本集上重复进行，直至不可再分为叶节点为止。随机森林的随机性体现在选取样本时，有放回的随机选取。这会导致不同的树分别学到整体数据集的一部分特征，通过投票（回归问题通过取平均值）得到最终的预测结果。由于单棵决策树往往精度不高且容易出现过拟合问题，因此需要通过聚集多个模型来提高预测精度。随机森林采用的是Bagging方法来组合决策树。其基本思想是利用Bootstrap重抽样方法从原始样本中抽取多个样本，对每个样本进行决策树建模，然后组合多棵决策树的预测，通过投票得出最终预测结果。

在随机森林训练的过程中，每次建立决策树时，通过重抽样得到一个数据训练参与决策树训练，这是会有大概1/3的数据没有被利用，即没有参与决策树的建立，这部分数据称为袋外数据。袋外数据可以用于对决策树的性能进行评估，计算模型的预测错误率，称为袋外数据误差。

随机森林训练示意图如图5.27所示。

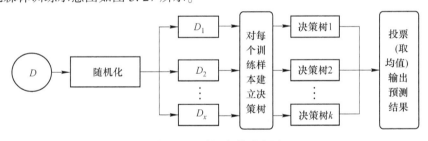

图 5.27 随机森林示意图

在训练单棵决策树时，决策树通常用以下方法来进行最佳属性划分选择。

5.6.2.1 散属性

A 信息增益

假定离散属性 a 有 v 个可能的取值 $\{a^1, a^2, \cdots, a^v\}$，属性 a 的作用划分节点的"纯度提升"可以用信息增益来评估，公式如下：

$$\text{Gain}(D, a) = E_{\text{nt}}(D) - \sum_{v=1}^{v} \frac{|D^v|}{|D|} E_{\text{nt}}(D^v)$$

式中，$E_{\text{nt}}(D)$ 为样本集合 D 的信息熵。

最佳划分属性 a_* 为：

$$a_* = \underset{a \in A}{\arg\max} \text{Gain}(D, a)$$

B　基尼指数

数据集 D 的纯度用基尼值来度量，$\mathrm{Gini}(D)$ 越小，数据集的纯度越高。

$$\mathrm{Gini}(D) = \sum_{k=1}^{|y|} \sum_{k \rightarrow k} p_k p_k = 1 - \sum_{k=1}^{|y|} p_k^2$$

属性 a 的基尼指数定义为：

$$\mathrm{Gini\_index}(D, a) = \sum_{v=1}^{v} \frac{|D^v|}{|D|} \mathrm{Gini}(D^v)$$

在候选属性集合 A 中选择使得划分后基尼指数最小的属性作为最佳划分属性，即：

$$a_* = \underset{a \in A}{\mathrm{argmin}}\, \mathrm{Gini\_index}(D, a)$$

5.6.2.2　连续属性

给定样本集 D 和连续属性 a，假定 a 在 D 上出现 n 个不同的取值，将这些值从小到大进行排序记为 $\{a^1, a^2, \cdots, a^n\}$。基于划分点 t 可将 D 分为子集 D_t^- 和 D_t^+，其中 D_t^- 包含在属性 a 上取值不大于 t 的样本，而 D_t^+ 则包含取值大于 t 的样本。接下来可利用和离散属性一样的信息增益准则来选取最佳划分点 t，即：

$$\mathrm{Gain}(D, a, t) = \max_{t \in Ta} \mathrm{Gain}(D, a, t) = \max_{t \in Ta} E_{\mathrm{nt}}(D) - \sum_{\lambda \in \{-, +\}} \frac{|D_t^\lambda|}{|D|} E_{\mathrm{nt}}(D_t^\lambda)$$

式中，$\mathrm{Gain}(D, a, t)$ 为样本集 D 基于划分点 t 二分后的信息增益。

根据上式就可选取使 $\mathrm{Gain}(D, a, t)$ 最大化的划分点。

决策树的 Matlab 代码实现过程扫描本章二维码查看，运行结果如图 5.28 所示。

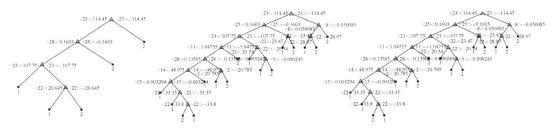

图 5.28　决策树代码运行结果

随机森林的 Matlab 代码实现过程扫描本章二维码查看，运行结果如图 5.29~图 5.31 所示。

命令行窗口

Setting to defaults 500 trees and mtry=5

病例总数：569　良性：357　恶性：212

训练集病例总数：500　良性：311　恶性：189

测试集病例总数：69　良性：46　恶性：23

良性乳腺肿瘤确诊：45　误诊：1　确诊率p1=97.8261%

恶性乳腺肿瘤确诊：22　误诊：1　确诊率p2=95.6522%

图 5.29　随机森林代码运行结果

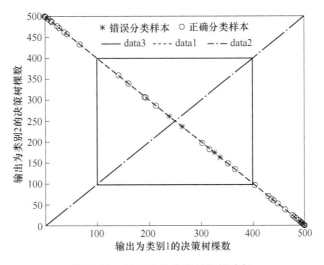

图 5.30 随机森林分类器性能分析

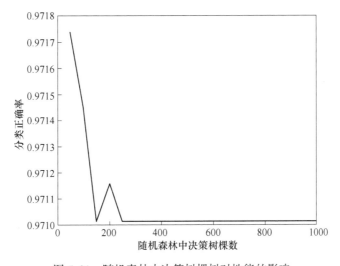

图 5.31 随机森林中决策树棵树对性能的影响

例 5.10 决策树分类器在乳腺癌诊断中的应用代码扫描本章二维码查看，运行结果如图 5.32 和图 5.33 所示。

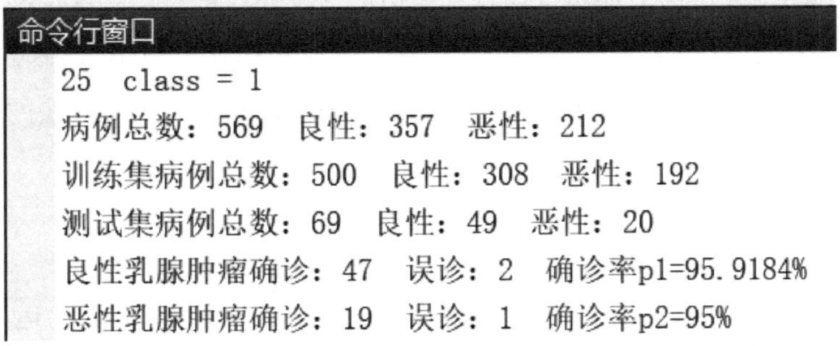

```
命令行窗口
25  class = 1
病例总数：569  良性：357  恶性：212
训练集病例总数：500  良性：308  恶性：192
测试集病例总数：69  良性：49  恶性：20
良性乳腺肿瘤确诊：47  误诊：2  确诊率p1=95.9184%
恶性乳腺肿瘤确诊：19  误诊：1  确诊率p2=95%
```

图 5.32 命令行窗口运行结果

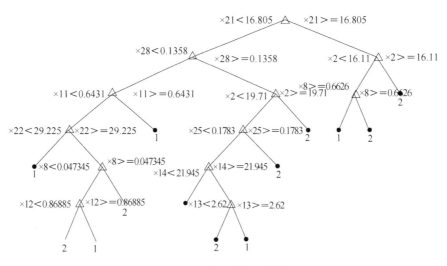

图 5.33 创建的决策树分类器

5.7 遗 传 算 法

遗传算法的灵感来自"自然选择，适者生存"的自然进化原则，是一个从种群初始解决方案开始搜索，通过有选择地变化生成更优良的子代，最终满足目标的算法。群体中的每个个体，即一个可行解，被称为染色体，在循环迭代过程中染色体的不断更新称为遗传。而遗传算法主要分为筛选父本、交叉、变异几个阶段。染色体是否更满足要求通常通过适应性来评估，在算法中表现为适应度函数值。根据适合度函数值的大小，从当前所有染色体（父代和后代）中选择一定比例的个体作为下一代群体，然后再次进入循环，不断迭代计算直到收敛到全局最佳染色体，即得到解决问题需要的解。遗传算法流程如图 5.34所示。

随着遗传算法的应用研究丰富活跃，它的应用领域范围也逐渐扩大。遗传算法可以用于求解非线性的多模型、多目标函数优化问题，对于难以求得理论解的复杂问题，也可以用遗传算法去寻求问题的满意解。一直以来遗传算法也同生物的不断进化一样在不断发展，随着科技的发展迅速，创造出了许多创新技术和理念，而这些新技术理论也同时为遗传算法的发展指出了新方向，使之更加具有实用性，将其从最开始的处理解的优化问题转变到实际应用领域的具有应用上。遗传算法属于群体型操作，以种群中的个体为操作对象，只使用基本的遗传算子进行进化操作。对于一个优化问题，遗传算法的数学模型一般可表示为：

$$SGA = (C, E, P_0, M, \Phi, \Gamma, \Psi, T)$$

式中，C 为个体编码方式；E 为个体的适应度评价函数；P_0 为初始种群；M 为种群大小，即种群中的个体数量；Φ 为选择算子；Γ 为变异算子；Ψ 为交叉算子；T 为运算的终止条件。

遗传算法的 Matlab 代码实现过程扫描本章二维码查看，运行结果如图 5.35 所示。

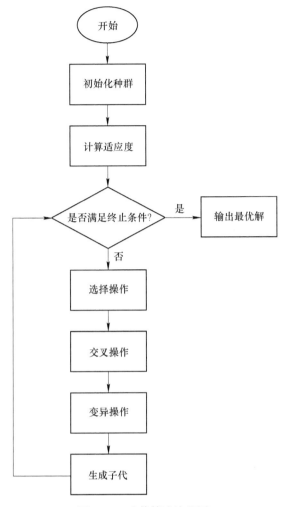

图 5.34 遗传算法流程图

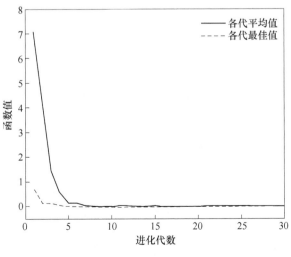

图 5.35 函数值曲线

例5.11   使用遗传算法优化BP神经网络，全部代码扫描本章二维码查看，运行结果如图5.36所示。

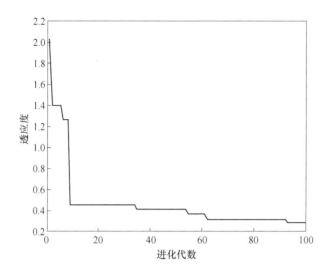

图 5.36   最优个体适应度值

5.8   粒子群算法

粒子群优化算法（particle swarm optimization，PSO）是一种基于群体智能的仿生优化算法，其思想来源鸟类集群飞行觅食的行为规律，鸟群通过集体的信息共享使群体找到最优的目的地，是对一个简化社会模型的模拟。鸟类集群飞行时的群体行为与神经网络的学习和优化有许多相似之处，例如鸟类在搜索食物和避免天敌时的行为非常类似于优化问题中的搜索和求解，鸟群也会根据自己的经验和集体中其他成员的信息来调整自己的飞行速度和方向等，以达到更好的目标。粒子群优化算法的基本思想是通过群体中个体之间的协作和信息共享来寻找最优解．该算法可以看作是模拟自然界中粒子群的智能行为，模拟了一个由多个自主移动的粒子组成的自适应系统，这些粒子在解空间中根据自身经验和其他粒子的信息进行搜索和求解，最终找到最优解，即问题已收敛。

粒子群优化算法是一种全局优化算法，它通过粒子之间的交互来寻找全局最优解，与其他局部搜索算法相比，粒子群优化算法具有更好的全局搜索能力，适用于动态、多目标优化环境下的优化搜索，因此可以更快地找到全局最优解。与遗传算法相比，粒子群算法没有交叉和变异运算，依靠粒子速度完成搜索，其位置与速度的更新具有更好的导向性，因此其对空间最优解的逼近能力很强，并且在迭代进化中只有最优的粒子把信息传递给其他粒子，搜索速度快，且具有记忆性，粒子群体的历史最优位置可以记忆并传递给其他粒子。粒子群优化算法能够自适应地调整粒子的数量和分布，以适应不同的优化问题，且易于实现、可扩展性强、鲁棒性强、收敛速度快、数学运算简单，具有广泛的全局优化能力，在内存需求和速度方面具有优势。

粒子群算法的出现使优化问题得到多种有效的解决方法，它的简洁和易于实现的方法，让许多学者得以在其上进行改进和创新，应用领域日益丰富。目前，粒子群算法已经在许多领域的优化问题中得到了成功应用，例如函数优化、神经网络训练、图像处理、信号处理等。

粒子群算法 Matlab 代码实现过程扫描本章二维码查看，运行结果如图 5.37~图 5.39 所示。

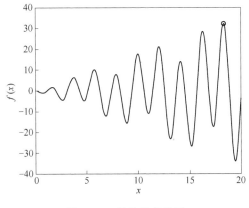

图 5.37　最终状态位置

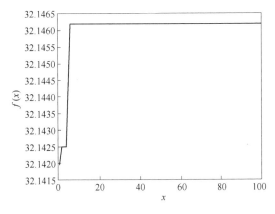

图 5.38　收敛过程

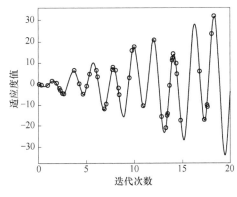

图 5.39　初始状态图

例 5.12　采用粒子群算法基于 PSO 的函数极值寻优代码扫描本章二维码查看，运行结果如图 5.40 所示。

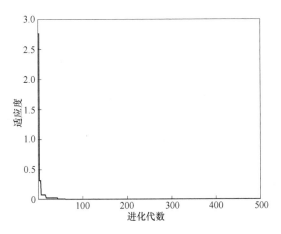

图 5.40　最优个体适应度值

5.9　蚁群算法

蚁群算法是由 Marco Dorigo 受到自然界蚂蚁觅食行为启发而提出的智能优化算法，在旅行商问题上被广泛应用。自然界中单个蚂蚁的觅食行为没有智能行为，而蚁群整体的觅食行为往往表现出一定的智能性。蚂蚁在觅食的过程中会在经过的路径上释放信息素，这样，之后的蚂蚁就可以在信息素的作用下表现出智能化的觅食行为。在最初觅食时，蚂蚁经过的路径上无信息素，蚂蚁选择路径是随机的，伴随着时间的推移，觅食距离短的路径经过的蚂蚁越来越多，路径上的信息素浓度也越来越大，最终蚁群会寻找到到达目标点的最佳路径。

蚁群中的个体根据信息素浓度选择下一个移动节点，同时受到当前节点和附近节点的期望信息影响。定义蚂蚁 k 由节点 i 选择节点 j 的转移概率为：

$$P_{ij}^{k}(t) = \begin{cases} \dfrac{[\tau_{ij}(t)]^{\alpha} \cdot [\eta_{ij}]^{\beta}}{\sum_{k \in d_{k}}[\tau_{ij}(t)]^{\alpha} \cdot [\eta_{ij}]^{\beta}} & (j \in d_{k}) \\ 0 & 其他 \end{cases}$$

式中，$\tau_{ij}(t)$ 为蚂蚁在路径 ij 上留下的信息素浓度；η_{ij} 为路径 ij 上的启发信息；α 为信息启发因子；β 为期望启发因子；d_{k} 为蚂蚁可选节点集合。

启发信息为：

$$\eta_{ij}(t) = \frac{1}{d_{jg}}$$

式中，d_{jg} 为待选节点 j 与目标节点 g 之间的欧氏距离。

蚁群中的蚂蚁个体经过路径时会释放信息素，同时，随着时间的推移信息素也会蒸发，即对路径上信息素的更新。蚁群算法是对所有的蚂蚁迭代完成之后进行信息素的更新，信息素更新规则为：

$$\tau_{ij}(t+n) = (1-\rho)\tau_{ij}(t) + \Delta\tau_{ij}(t, \ t+n)$$

$$\Delta\tau_{ij}(t, \ t+n) = \sum_{k=1}^{m} \Delta\tau_{ij}^{k}(t, \ t+n)$$

式中，$\tau_{ij}(t+n)$ 为 ij 路径更新后的信息素浓度；n 为节点数目；ρ 为信息素挥发因子；$\Delta\tau_{ij}(t, \ t+n)$ 为路径 ij 上增加的信息素量；$\Delta\tau_{ij}^{k}(t, \ t+n)$ 为蚂蚁 k 在路径 ij 上的信息素量，其表达式为：

$$\Delta\tau_{ij}^{k}(t, \ t+n) = \begin{cases} \dfrac{Q}{L_{k}} & (k\ 蚂蚁经过路径\ ij) \\ 0 & 其他 \end{cases}$$

式中，Q 为常量；L_{k} 为蚂蚁 k 访问路径长度。

例 5.13　以旅行商问题为例，假设有一个旅行商人要拜访全国 31 个省会城市，他需要选择所要走的路径，路径的限制是每个城市只能拜访一次，而且最后要回到原来出发的城市。路径的选择要求是：所选路径的路程为所有路径之中的最小值。

全国 31 个省会城市的坐标为 [1304 2312; 3639 1315; 4177 2244; 3712 1399; 3488 1535; 3326 1556; 3238 1229; 4196 1004; 4312 790; 4386 570; 3007 1970; 2562 1756; 2788 1491; 2381 1676; 1332 695; 3715 1678; 3918 2179; 4061 2370; 3780 2212; 3676 2578; 4029

2838；4263 2931；3429 1908；3507 2367；3394 2643；3439 3201；2935 3240；3140 3550；2545 2357；2778 2826；2370 2975］。

解：仿真过程如下：

（1）初始化蚂蚁个数 $m=50$，信息素重要程度参数 Alpha$=1$，启发式因子重要程度参数 Beta$=5$，信息素蒸发系数 Rho$=0.1$，最大迭代次数 $G=200$，信息素增加强度系数 $Q=100$。

（2）将 m 个蚂蚁置于 n 个城市上，计算待选城市的概率分布，m 只蚂蚁按概率函数选择下一座城市，完成各自的周游。

（3）记录本次迭代最佳路线，更新信息素，禁忌表清零。

（4）判断是否满足终止条件：若满足，则结束搜索过程，输出优化值；若不满足，则继续进行迭代优化。

全部代码扫描本章二维码查看，运行结果如图 5.41 和图 5.42 所示。

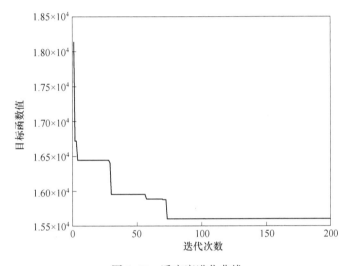

图 5.41　适应度进化曲线

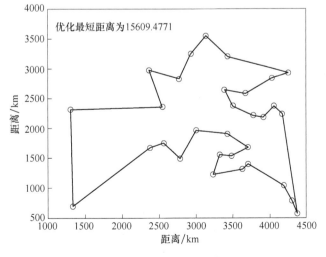

图 5.42　优化最短距离

5.10 模拟退火算法

模拟退火法的发展受到金属物理退火的启发,当金属从红热状态缓慢冷却时,金属内部形成有序的最小能量晶体结构。当金属处于红热状态时,原子的运动完全由随机的热涨落控制,但是,随着温度的缓慢降低,原子间的作用力变得越来越重要,最后,原子变成了一个代表最小能量结构的晶格。在模拟退火算法中,参数 T 代表模拟温度,误差 E 代表模拟能量,T 值很大时算法的行为类似于 Monte Carlo 搜索,T 值很小时算法的行为更有方向性。在物理退火中,一开始是一个 T 值很大,然后随着越来越多的试验被检验,T 值慢慢降低;最初,大量的模型空间是随机采样的,但是随着搜索的进行,搜索变得越来越有方向性。

模拟退火法从一个初始模型 $m^{(p)}$ 和其对应的误差 $E(m^{(p)})$ 开始,然后生成一个在 $m^{(p)}$ 附近的测试模型 $m^{(*)}$,计算其对应的误差 $E(m^{(*)})$,$m^{(*)}$ 可以通过向 $m^{(p)}$ 增加一个从高斯分布中提取的增量 Δm。当 $E(m^{(*)}) \leqslant E(m^{(p)})$ 时,$m^{(*)}$ 会替代 $m^{(p)}$ 成为新的比较值。但是,有时 $E(m^{(*)}) > E(m^{(p)})$,$m^{(*)}$ 也可以接受。为了决定后面的情况,这个测试参数 t 可通过下式计算:

$$t = \frac{\mathrm{e}^{-E(m^*)/T}}{\mathrm{e}^{-E(m^p)/T}} = \mathrm{e}^{-\frac{E(m^*)-E(m^p)}{T}}$$

在区间 $[0, 1]$ 生成一个均匀分布的随机数 r,如果 $t>r$,则接受 $m^{(*)}$。当 T 值很大时,测试参数 t 趋近于 1,故不管误差值是多少,$m^{(*)}$ 几乎总是被接受的,这对应着"热运动"情况下,模型参数在空间上以无向的方式探索;当 T 值很小时,测试参数 t 趋近于零,$m^{(*)}$ 几乎不被接受,这与定向搜索情况相对应,只有使误差 E 减小的测试模型才被接受。

例 5.14 $f(x) = (x-2)^2 + 4$,其中 $-2 \leqslant x \leqslant 2$,求解函数的最小值。其模拟退火算法求解函数的最小值的代码扫描本章二维码查看,得出最优解为 1.9996。

复习思考题

5.1 BP 神经网络隐藏层为什么是多层的,且每一层为什么是多个数量的神经元,每一层用的激活函数是什么?

5.2 对于线性可分的二分类任务样本集,将训练样本分开的超平面有很多,支持向量机试图寻找满足什么条件的超平面?

6 Matlab 在表征气泡均匀性方法的应用

扫描二维码
查看本章代码

6.1 0-1 测试判断混沌周期

6.1.1 0-1 测试

0-1 测试是一个能够衡量时间序列是否有混沌的一种测试算法，与 Lyapunov 指数不同的是，它不需要进行相空间重构，通过输出结果是否接近 1 来判别是否产生混沌现象。0-1 测试的优点是易于实现，不需要底层方程，不需要相空间重构，也不需要实际系统的维数。输入时间序列数据，输出为 0 或 1，这取决于动态是非混沌的还是混沌的[11]。0-1 测试已成功应用于各种动力系统的理论时间序列，包括无噪声和有噪声的时间序列。

6.1.2 0-1 测试算法步骤

给定一个观测值 $\phi(j)(j = 1, 2, 3, \cdots, N)$，$\phi(j)$ 代表一维观测数据集，在 $c \in (0, \pi)$ 区间计算其平移变量：

$$p_c(n) = \sum_{j=1}^{n} \phi(j) \cos jc$$

$$q_c(n) = \sum_{j=1}^{n} \phi(j) \sin jc, \ n = 1, 2, 3, \cdots, N$$

确定 p_c 和 q_c 的增长以便更好地观测均方位移：

$$M_c(n) = \lim_{N \to \infty} \frac{1}{N} \sum_{j=1}^{N} \{ [p_c(j+n) - p_c(j)]^2 + [q_c(j+n) - q_c(j)]^2 \}$$

注意，这个定义要求 $n \ll N$。在实践中，发现 $n_{cut} = N/10$ 会产生很好的效果。混沌的测量是将 $M_c(n)$ 的增长速度作为 n 的函数。

渐近增长速度 k 的计算方法包括回归法和相关法。

回归方法的公式如下：

$$k_c = \lim_{N \to \infty} \frac{\lg M_c(n)}{\lg n}$$

数值上，k_c 是通过最小化绝对偏差来拟合 $M_c(n)$ 的图形的直线来确定的。

相关法是提出一种从均方位移确定 k_c 的代替方法。向量形式 $\boldsymbol{\vartheta} = (1, 2, 3, \cdots, n_{cut})$ 和 $\boldsymbol{\Delta} = [M_c(1), M_c(2), M_c(3), \cdots, M_c(n_{cut})]$。

给定长度为 q 的向量 $\boldsymbol{x}$、$\boldsymbol{y}$ 的协方差和方差为：

$$\mathrm{cov}(\boldsymbol{x}, \boldsymbol{y}) = \frac{1}{q} \sum_{j=1}^{q} [x(j) - \bar{x}][y(j) - \bar{y}]$$

$$\bar{x} = \frac{1}{q} \sum_{j=1}^{q} x(j)$$

$var(x) = cov(x, x)$ 定义的相关系数为：

$$k_c = corr(\boldsymbol{\vartheta}, \boldsymbol{\Delta}) = \frac{cov(\boldsymbol{\vartheta}, \boldsymbol{\Delta})}{\sqrt{var(\boldsymbol{\vartheta})var(\boldsymbol{\Delta})}} \in [-1, 1]$$

规定动力学 $k_c = 0$，混沌动力学 $k_c = 1$。

与计算 MLE 的经典方法不同，0-1 测试不需要任何关于动态的信息。0-1 检验是一种二元检验，因为它只能区分非混沌动力学和混沌动力学。在这种方法中，可以通过计算参数 k_c 渐近于零或 1 来确定规则运动和混沌运动。k_c 定义为均方位移，k_c 可以用 lgM(t) 对线性回归或相关法进行数值确定。

混沌 0-1 测试的另一个有趣的特征是对 (p, q) 轨迹提供了一个简单的视觉测试，来测试潜在的动力学是混沌的还是非混沌的。另外，它相对容易实现。这个检验只给出了两种可能的结果，对于非混沌系统接近零，对于混沌系统接近 1。

6.1.3　0-1 测试的应用

通过混沌和重复图的 0-1 测试，研究了非预混生物柴油/喷气火焰不稳定性的表征。测试原料为麻疯树的生物柴油。燃油火焰进口油压为 0.2~0.6MPa、燃油流量为 15~30kg/h、燃烧气流流量为 150~750m³/h。该方法基于图像分析和非线性动力学，利用图像分析技术对火焰结构进行分析，提取出代表燃烧室温度相对变化的位置序列。与最大 Lyapunov 指数法相比，0-1 测试可成功地检测出火焰位置序列中规则分量和混沌分量的存在。周期和准周期特征由 Poincaré 部分获得。

0-1 测试的完整代码扫描本章二维码查看。

6.2　实现时空均匀性的 Q 算法

6.2.1　Q 算法的定义

将算法部署到硬件平台时，使用 single 或 double 型数据会占用大量的存储空间，因此一般需要将数据进行合适的量化，减少硬件资源使用的同时提高算法效率。常见的均匀量化出现的溢出现象会降低数据精度，影响部署后的算法性能。这里将介绍一种高效的准均匀量化方法，其在均匀量化的基础上加入了一个额外的状态比特位，从而实现了在一定数值范围内的均匀量化，超出该范围后可实现非均匀量化，大大扩展了量化范围，尽可能地保留了数据精度。

6.2.2　均匀量化

假设量化后结果使用 q 个二进制数表示，总量化数为 2^q-1，设量化间隔为 Δ，则对于任意实数，其量化结果为：

$$Q\Delta(x) = sgn(x)\Delta\left(\frac{|x|}{\Delta}\right) + \frac{1}{2}$$

令 $N = 2^{q-1} - 1$，有 $N + 1 = 2^q - 1$，则 $\max | Q\Delta(x) | = N\Delta$，量化结果还可以表示为 $Q\Delta(x) = m\Delta$ $(m = - (2^{q-1} - 1)$，$- (2^{q-1} - 2)$，$\cdots$，0，$\cdots$，$2^{q-1} - 1)$，即：

$$
Q\Delta, q(x) = \begin{cases}
N\Delta & \text{当 } N\Delta - \dfrac{\Delta}{2} \leqslant x \\[2mm]
m\Delta & \text{当 } m\Delta - \dfrac{\Delta}{2} \leqslant x < m\Delta + \dfrac{\Delta}{2}, \; N > m > 0 \\[2mm]
0 & \text{当 } - \dfrac{\Delta}{2} > m > \dfrac{\Delta}{2} \\[2mm]
m\Delta & \text{当 } m\Delta - \dfrac{\Delta}{2} \leqslant x < m\Delta + \dfrac{\Delta}{2}, \; 0 > m > - N \\[2mm]
- N\Delta & \text{当 } x \leqslant - N\Delta + \dfrac{\Delta}{2}
\end{cases}
$$

将 m 用 q 位二进制数表示，即 $\text{binary}(m) = [m_0, m_1, \cdots, m_{q-1}]$（其中，$m_0$ 为符号位），当 m 为正数时其值为 1，m 为负数时其值为 0，后 $q-1$ 位表示 $|m|$。

扩展量化范围一般有两种方式，即增大量化间隔 $\Delta/\text{Delta}\Delta$ 或用更多的二进制位表示数据，前者会损失精度，后者则会带来更多的资源开销和计算复杂度。

6.2.3 准均匀量化

在均匀量化中，待量化数 x 绝对值大于 $N\Delta$ 时会被截断，当 x 的取值范围分布很广时，会造成很大的精度损失。准均匀量化是在均匀量化的基础上增加一个比特，即 $q + 1$ 位，用来表示当数据超出一定范围后将采用非均匀量化。

定义参数增长为 d，有 $d > 1$，当输入值 x 取值在 $(- dN\Delta, dN\Delta)$ 之间时采用均匀量化，量化间隔为 Δ；若 $x > N\Delta$，则将 x 量化为 $d^r N\Delta (1 \leqslant r \leqslant N + 1)$，相似的，当 $x < - N\Delta$，将量化为 $- d^r N\Delta (1 \leqslant r \leqslant N + 1)$。上述 $q+1$ 位的准均匀量化的结果用 $Q^*\Delta, q(x)$ 表示：

$$
Q^*\Delta, q(x) = \begin{cases}
d^{N+1} N\Delta & \text{当 } d^{N+1} N\Delta \leqslant x \\
d^r N\Delta & \text{当 } d^r N\Delta \leqslant x < d^{r+1} N\Delta, \; N \geqslant r \geqslant 1 \\
Q\Delta, q(x) & \text{当 } - dN\Delta < x < dN\Delta \\
- d^r N\Delta & \text{当 } - d^{r+1} N\Delta < x \leqslant d^r N\Delta, \; 1 \leqslant r \leqslant N \\
- d^{N+1} N\Delta & \text{当 } x \leqslant - d^{N+1} N\Delta
\end{cases}
$$

将准均匀量化中的 m 扩展为 $q+1$ 位比特表示，即 $\text{binary}(m) = [m_0, m_1, \cdots, m_{q-1}, m_q]$，前 q 位意义不变，$m_q = 0$，即表示采用均匀量化。x 取值超出均匀量化取值范围后，采用非均匀量化，此时将 r 用 $q+1$ 位比特表示，即 $\text{binary}(r) = [r_0, r_1, \cdots, r_{q-1}, r_q]$（其中，$r_0$ 为符号位），$r_q = 1$ 表示当前采用非均匀量化。

准均匀量化中有以下两点需要注意：

（1）该量化方法的均匀量化阶段与一般均匀量化有一点不同，当 $- (N - 1) \leqslant m \leqslant N + 1$ 时，其完全等同于一般均匀量化，而此后有一段长为 $dN\Delta - N\Delta + \dfrac{\Delta}{2}$ 的区间需将 m 强制量化为 N。

（2）在非均匀量化阶段，当输入 $x>0$ 时，$[r_1，\cdots，r_{q-1}]$ 表示值 $r-1$；当输入 $x<0$ 时，$[r_1，\cdots，r_{q-1}]$ 表示值 $r+1$。如设 $q=3$，$Q^*\Delta$，$q(x)=0011$ 表示 $r=2$；$q=3$，$Q^*\Delta$，$q(x)=1011$ 表示 $r=-2$。

6.2.4　Q 算法的应用

通过 Q 算法在 Matlab 中的应用，从理论和实验两方面对直接接触式换热器内气泡群分布进行了研究，讨论了矩形或方形区域与圆形区域的区别。用混合均匀度的定量度量来表征圆形区域内的气泡模式，成功地推导了气泡群或其他物体分布在圆形区域时混合瞬态的时空特征，为实际评价不同体系的混合质量提供了新的思路，具有较高的准确度。

Q 算法的完整代码扫描本章二维码查看。

6.3　CD-WD 法表征三维域内混合物均匀性

6.3.1　CD-WD 法

CD-WD 法可以定义和表征三维域中的混合均匀性，可以使用中心 L_2 星差异（CD）法和环绕 L_2 星差异（WD）法表征。均匀性是与流体搅拌和混合有关的重要概念，可利用分布特性来表征空气搅拌混合系统中颗粒的对流运动和混合，评估三维领域的混合行为。

6.3.2　CD-WD 法算法步骤

CD 和 WD 的计算公式分别为：

$$
\begin{aligned}
\mathrm{CD}(P) = \bigg[\Big(\frac{13}{12}\Big)^2 - \frac{2}{n}\sum_{i=1}^{n}\prod_{j=1}^{3}\Big(1 + \frac{1}{2}\Big|x_{ij} - \frac{1}{2}\Big| - \frac{1}{2}\Big|x_{ij} - \frac{1}{2}\Big|^2\Big) + \\
\frac{1}{n^2}\sum_{i=1}^{n}\sum_{k=1}^{n}\prod_{j=1}^{3}\Big(1 + \frac{1}{2}\Big|x_{ij} - \frac{1}{2}\Big| + \frac{1}{2}\Big|x_{kj} - \frac{1}{2}\Big| - \frac{1}{2}|x_{ij} - x_{kj}|\Big) \bigg]^{\frac{1}{2}}
\end{aligned}
\tag{6.1}
$$

$$
\mathrm{WD}(P) = \bigg[-\Big(\frac{4}{3}\Big)^2 + \frac{1}{n}\Big(\frac{3}{2}\Big)^3 + \frac{2}{n^2}\sum_{i-1}^{n=1}\sum_{k=i-1}^{n}\prod_{j=1}^{3}\frac{3}{2} - |x_{ij} - x_{kj}| + |x_{ij} - x_{kj}|^2 \bigg]^2
\tag{6.2}
$$

式中，n 为单位立方体 $C^3=[0，1]$ 的点数；x_{ij} 和 x_{kj} 分别是定义域内第 i 个坐标和三维空间中的第 j 个粒子（$j=1$ 对应 x 轴坐标，$j=2$ 对应 y 轴坐标，$j=3$ 对应 z 轴坐标）。

理论上，CD 和 WD 都具有排列不变性、旋转不变性（反射不变性）及测量投影均匀性的能力。换句话说，粒子在三维空间的分布质量可使用这两种统计方法检测。

为了能够直观地解释和理解统计准确性和感知平稳之间的关系，相较于 $\mathrm{CD}(P)$ 来说，式（6.1）和式（6.2）用于评估 $\mathrm{UC_{CD}}(P)=1-\mathrm{CD}(P)$，相对于 $\mathrm{WD}(P)$ 而言，式（6.1）和式（6.2）用于评估 $\mathrm{UC_{WD}}(P)=1-\mathrm{WD}(P)$，确保该值在 $[0，1]$ 之间，并应提供关于搅拌容器中颗粒分布均匀程度的信息。一般来说，所提出的混合指数的值在 $0\sim1$ 之间，其中零表示颗粒不混合，1 表示完全混合。均匀分布的颗粒之间尽可能分散，使 $\mathrm{CD}(P)$ 和 $\mathrm{WD}(P)$ 最小化，并使 $\mathrm{UC_{CD}}(P)$ 的值较高，而 $\mathrm{UC_{WD}}(P)$ 则不相同。此外，所提出的混合过程指标的时间剖面提供了关于混合均匀度的信息，导致 $\mathrm{CD}(P)$ 和 $\mathrm{WD}(P)$ 分别被 $\mathrm{CD}(t)$ 和 $\mathrm{WD}(t)$ 所取代。

6.3.3 CD-WD 法的应用

混合机制通常使用的是 2D 图像和处理相应的实验数据，然而到目前为止，还没有一种普遍接受的方法来处理三维领域的实验数据。为此，可以引入两个新的统计指标，用于定义和表征三维域中的混合均匀性。CD 和 WD 可以替代和优于其他 2D 方法，因为它们都表现出一些优点，如排列不变性、旋转不变性（反射不变性）和测量投影均匀性。通过模拟实验和顶部空气注入搅拌反应器内气液-颗粒混合流动实验验证了上述方法的可行性，并给出了气液两相流实验的两个指标（CD 和 WD）及与操作条件的相关性。

CD-WD 法的完整代码扫描本章二维码查看。

6.4 力矩法量化不规则区域内的均匀性

6.4.1 力矩法

在物理学中，矩是一种包含距离和物理量乘积的表达式，说明了物理量的位置或排列方式。空间矩则是浓度场的综合度量，它是一种非常简单而强大的方法来描述值的空间分布，这些值可应用在 ImageJ 的度量命令中。

对于 1 个点：

$$\mu_n = r^n Q$$

式中，Q 为物理量，如施加在一点上的力或质点等。如果这个量不是仅集中在一个点上，那么力矩就是这个量的密度在空间上的积分。

对于 n 点积分：

$$\mu_n = \int r^n f(r)\, \mathrm{d}r = \sum_{i=1}^{N} r_i^n Q_i$$

式中，$f(r)$ 为力、质量或任何被考虑的量的密度分布。

力矩法的关键在于可以直接跟踪低阶矩，而不需要额外的分布知识，估计矩及其衍生参数需要使用离散数据逼近中的积分。

力矩一般取决于测量距离 r 的参考点。n 的每个值对应 1 个不同的矩：第 1 个矩对应 $n = 1$；第 2 个矩对应 $n = 2$，依次类推。力的矩为一阶矩 $\tau = rF$ 或者更一般地 $r \times F$。

力矩说明重量或质量点在参考点周围的空间分布如何安排。换句话说，一阶矩可以测量人物或物体的质心的位置和运动。如果物体的重量均匀分布，则其重心位于几何中心；如果物体具有不均匀的重量分布，其重心可能不在其几何中心。

6.4.2 力矩法的应用

通过力矩法在 Matlab 中的应用，提出了一种利用力矩平衡和图像分析测量直接接触式换热器内气液混合均匀性的新方法，利用力矩平衡原理作为测量和区分直接接触式换热器中气泡群混合均匀度的有效工具，从客观质量的空间分布上定义了混合均匀性，并用实验和数值方法对其进行了研究。提出了一种将二值图像的像素分布投影到三维域的映射技术。以矩和平衡理论为基础，给出了应用方法的严谨理论基础，导出了由质量分布非均匀性引起的不平衡结构随方向的倾角，用于量化任意不规则区域内混合物空间分布的整体均匀性。由局部倾角得到的特征曲线可用于检测均质、非均质和伪均质混合物，为量化混合效果提供了一个有用的参数，并与现有方法进行了比较。

力矩法的完整代码扫描本章二维码查看。

6.5　分水岭算法评价空间流结构

6.5.1　分水岭分割方法

分水岭分割方法是一种基于拓扑理论的数学形态学的分割方法，其基本思想是把图像看作是测地学上的拓扑地貌，图像中每一点像素的灰度值表示该点的海拔高度，每一个局部极小值及其影响区域称为集水盆，而集水盆的边界则形成分水岭。分水岭的概念和形成可以通过模拟浸入过程来说明。在每一个局部极小值表面，刺穿一个小孔，然后把整个模型慢慢浸入水中，随着浸入的加深，每一个局部极小值的影响域慢慢向外扩展，在两个集水盆汇合处构筑大坝，即形成分水岭。分水岭的计算过程是一个迭代标注过程。分水岭比较经典的计算方法是 L. Vincent 提出的。在该算法中，分水岭计算分两个步骤，一个是排序过程，另外一个是淹没过程。首先对每个像素的灰度级进行从低到高排序，然后在从低到高实现淹没过程中对每一个局部极小值在 h 阶高度的影响域采用先进先出（FIFO）结构进行判断及标注，分水岭变换得到的是输入图像的集水盆图像，集水盆之间的边界点，即为分水岭。显然，分水岭表示的是输入图像的极大值点。分水岭算法示意图如图 6.1 所示。

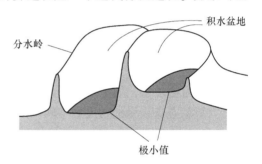

图 6.1　分水岭算法示意图

6.5.2　分水岭算法的应用

通过分水岭算法在 Matlab 中的应用，研究了 R245fa-HTF 系统中不混溶连续相中分散液滴的传热问题。采用标记控制的多流域分割方法对气液两相流进行特征提取。利用拓扑不变量方法、支持向量机方法和流域变换方法将得到的图像进行准确的片数估计，实现了标记控制的多分水岭分割，有效地区分了气液两相流模式中较暗的连续相。利用四参数物流模型对贝蒂数 β_i 的每个图进行曲线拟合，以表征混合效应。相邻像素之间的相似性可以通过距离来量化。连续相的 β_1 在距离不小于 2 时呈线性下降，可用于确定分割阈值。为了保证模型的可重复性和有效性，对不同像素和不同方法进行了重复测试，发现气泡群 β_1 的快速增加与连续相 β_1 的演化一致，并且 β_1 在两相之间的差值中值，作为一种新的流态控制度量，其与平均体积换热系数相关。该动态图像分析方法具有计算同源性，能够从二维图像中评价空间流动结构，并可用于控制过程。

6.5.3 标记控制的分水岭分割过程和步骤

标记控制的分水岭分割过程和步骤的全部代码扫描本章二维码查看。

6.5.3.1 基本过程

基本过程包括如下步骤：

（1）计算分割函数（一张图像的暗区是要分割的对象）。

（2）计算前景标记（这些是每个对象中像素的连接斑点）。

（3）计算背景标记（这些是不属于任何对象的像素）。

（4）修改分割功能，使其仅在前景和背景标记位置具有最小值。

（5）计算修改后的分割函数的分水岭变换。

6.5.3.2 步骤演示

（1）读取彩色图像并将其转换为灰度。

（2）使用梯度幅度作为分割函数，部分代码如下：

```
>> rgb = imread("d:/lena.jpg");
>> I = rgb2gray(rgb);
>> gmag = imgradient(I);
>> imshow(gmag,[]);
```

（3）标记前景对象。使用"重建开"（opening-by-reconstruction）和"重建闭"（closing-by-reconstruction）的形态学技术来"清理"图像。这些操作将在可使用定位的每个对象内创建平坦的最大值 imregionalmax。imregionalmax 区域最大值是具有恒定强度值的像素的连接分量，周围是具有较低值的像素。

1）开是腐蚀，然后扩张，最后形态重建。首先，使用计算开 imopen，部分代码如下：

```
se = strel('disk',20);
Io = imopen(I,se);
imshow(Io)
```

2）接下来计算"重建开"，使用腐蚀 imerode 和重建 imreconstruct，部分代码如下：

```
Ie = imerode(I,se);
Iobr = imreconstruct(Ie,I);
imshow(Iobr)
```

3）膨胀 imdilate 后使用重建 imreconstruct。注意，imreconstruct 的输入和输出需要求补运算（反转黑白，反色）imcomplement，部分代码如下：

```
Iobrd = imdilate(Iobr,se);
Iobrcbr = imreconstruct(imcomplement(Iobrd),imcomplement(Iobr));
Iobrcbr = imcomplement(Iobrcbr);
```

```
imshow(Iobrcbr)
```

通过比较 Iobrcbr 与 Ioc，基于重构的开和闭较标准开和闭在消除小瑕疵而不影响对象整体形状方面更为有效。

4）计算的 Iobrcbr 区域最大值以获得良好的前景标记，代码如下：

```
fgm = imregionalmax(Iobrcbr);
imshow(fgm)
```

5）将前景标记图像叠加在原始图像上，代码如下：

```
I2 = labeloverlay(I,fgm);
imshow(I2)
```

某些未完全遮盖阴影的对象没有被标记，这意味着在最终结果中将无法正确分割这些对象。此外，某些对象中的前景标记会一直向上延伸到对象的边缘。应该清洁标记斑点的边缘，然后将其缩小一点，可以先闭再进行侵蚀，代码如下：

```
se2 = strel(ones(5,5));
fgm2 = imclose(fgm,se2);
fgm3 = imerode(fgm2,se2);
```

该过程往往会留下一些必须去除的杂散孤立像素，可以使用 bwareaopen 来执行此操作，删除所有像素少于一定数量的斑点，代码如下：

```
fgm4 = bwareaopen(fgm3,20);
I3 = labeloverlay(I,fgm4);
imshow(I3)
```

（4）计算背景标记。在清理后的图像中，Iobrcbr 黑色像素属于背景可以从阈值操作开始，代码如下：

```
bw = imbinarize(Iobrcbr);
imshow(bw)
```

背景像素为黑色，在理想情况下不希望背景标记离要分割的对象的边缘太近。可通过计算前景的"受影响区域的骨架"或 SKIZ"skeleton by influence zones" 来缩小背景 bw，并通过计算距离变换的分水岭变换 bw，然后寻找结果的分水岭脊线（DL = = 0）来完成，代码如下：

```
D = bwdist(bw);
DL = watershed(D);
bgm = DL = = 0;
imshow(bgm)
```

（5）计算分割函数的分水岭变换。imimposemin 可用于修改图像，使其仅在某些所需位置具有区域最小值并出现在前景和背景标记像素上。最后，计算基于分水岭法的分割，代码如下：

```
L = watershed(gmag2);
```

（6）展示可视化结果。

1）在原始图像上叠加前景标记、背景标记和分段的对象边界。根据需要使用膨胀来使某些方面（例如对象边界）更加可见。对象边界位于 L == 0。二进制前景和背景标记缩放到不同的整数值，以便为它们分配不同的标签，代码如下：

```
labels = imdilate(L == 0, ones(3,3)) + 2 * bgm + 3 * fgm4;
I4 = labeloverlay(I, labels);
imshow(I4)
```

2）将标签矩阵显示为彩色图像。标签矩阵（例如由 watershed 和生成的标签矩阵）bwlabel 可以使用转换变为真彩色图像，以用于可视化目的 label2rgb，代码如下：

```
Lrgb = label2rgb(L, 'jet', 'w', 'shuffle');
imshow(Lrgb)
title('Colored Watershed Label Matrix')
```

使用透明度将此伪彩色标签矩阵叠加在原始强度图像的顶部，代码如下：

```
figure
imshow(I)
hold on
himage = imshow(Lrgb);
himage. AlphaData = 0.3;
title('Colored Labels Superimposed Transparently on Original Image')
```

分水岭算法的全部代码扫描本章二维码查看。

6.6　无序超均匀

6.6.1　无序超均匀的概念

所有完美晶体、完美准晶体和特殊无序体系都是超均匀的，因此，超均匀性的概念是一个统一的框架分类和结构表征晶体、准晶体、外来无序品种。

无序超均匀系统是物质的可区分状态，各向同性无序超均匀材料满足所有可区分状态的标准，它是介于晶体和液体之间的奇异的理想物质状态。在抑制大尺度密度波动方面，它们就像完美的晶体，是一种特殊类型的长程有序，但在统计上它们像液体或玻璃一样各向同性，没有布拉格峰，因此没有任何传统的长程有序。无序超均匀系统可以通过平衡或非平衡途径获得，并且有量子力学和经典两种形式。无序超均匀系统可以有一个在大尺度上不明显的隐藏秩序。

　　图 6.2 为无序非超均匀和超均匀多粒子构型。尽管这两个系统的大尺度密度波动有很大不同，但它们的区别很难用肉眼发现，因为人们倾向于关注短长度尺度上的结构相似性。因此，通常可以说无序超均匀点过程在大尺度上有一个"隐藏的"顺序。

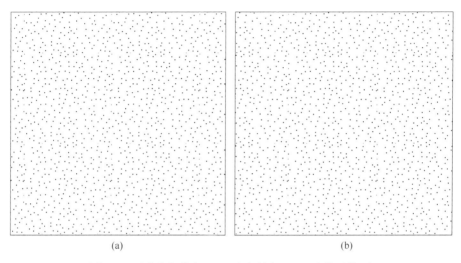

(a)　　　　　　　　　　　　(b)

图 6.2　无序非超均匀（a）和超均匀（b）多粒子构型

　　图 6.3 为无序各向同性超均匀系统的六重对称晶体，其中在原点周围有一个没有散射的圆形区域，这是一种非晶态材料的特殊模式。无序超均匀系统在物理、材料科学、化学、数学、工程和生物学等领域的各种背景下得到广泛应用。

　　超均匀性概念在凝聚态物理学背景下的实际意义开始变得明显起来，它表明，与某些软远程对势相互作用的二维和三维经典粒子系统可以在绝对零度温度下反直觉地冻结成高度简并的无序超均匀状态，并具有"隐身"散射模式，如图 6.4 所示。

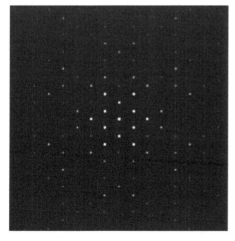
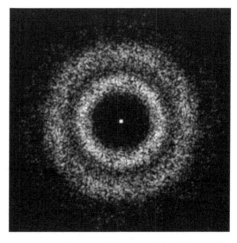

图 6.3　无序各向同性超均匀系统的六重对称晶体　　　图 6.4　无序的"隐身"超均匀多粒子系统

6.6.2 无序超均匀的应用

通过对无序超均匀的研究分析，能够设计出波导几何形状的无序超均匀胞状固体，不受结晶度和各向异性的阻碍。近年来，多个研究小组在微纳米尺度上制备了各种无序超均匀材料，包括用于光子应用的材料、表面增强拉曼光谱、太赫兹量子级联激光器的实现、二嵌段共聚物的自组装、周期驱动乳剂、双分散液滴的自组装二维卡阻填料。

一些研究揭示了非晶硅的电子带隙随着其趋向于超均匀态而变宽，由 X 射线散射测量表明，非晶硅样品可以被制成接近超均匀的状态。因此，控制和设计物质无序超均匀状态的能力可能会导致新材料的发现。

超均匀性可以在非晶系统量化大尺度结构的相关性，包括聚合物材料中玻璃形成的分子干扰过程，以及量化非晶冰的大尺度结构和不同形式之间的转变。了解系统接近超均匀状态时的结构和物理性质，或者接近超均匀是否预示着系统中关键的大规模结构变化，是至关重要的。事实上，超均匀性概念提出了玻璃的"非平衡指数"及新的相关函数，从中可以提取相关的长度增长尺度作为温度的函数。

无序超均匀的全部代码扫描本章二维码查看。

6.7 贝蒂数法量化几何

6.7.1 贝蒂数法

G 为阿贝尔群，Z^r 为代数中一个自由的阿贝尔群，$Z_{\beta k}$ 为有限循环群，从分类的角度分析，同构的有限元素生成的阿贝尔群是通过唯一的有限数集 r，$\beta 1$，$\beta 2$，…，βk 来确定的，其中，r 为自由阿贝尔群 Z^r 的秩，称为贝蒂数，$\beta 1$，$\beta 2$，…，βk 称为挠系数。在代数拓扑学领域拓扑空间中，$\beta 0$，$\beta 1$，$\beta 2$，… 是一组重要的不变量，取值均为非负整数或无穷大。用同调群定义空间 X 的第 k 个贝蒂数（k 为非负整数）为 $\beta_k = \dim H_k (X, Q)$。在代数拓扑学领域，$\beta 1$ 代表结构中通道的变化，而 $\beta 0$ 则为空间中连通成分的数量，二维空间中，一般通道被缩小成圈。简而言之，$\beta 1$ 指的是区域中洞的个数，$\beta 0$ 表示的是图样中块的个数；若图样中块的个数足够多，则多相混合的效果足够好。

6.7.2 贝蒂数法的应用

在直接接触沸腾换热过程等气液接触系统中，气泡群的模式复杂性（动力学和均匀性）决定着传热性能。基于熵理论和代数拓扑（更准确地说是贝蒂数），利用有机朗肯循环直接接触热交换器，开发了一种用于量化气液接触系统中气泡图案复杂性演化的图像分析技术。贝蒂数方法与使用熵理论的图像分割相关联，都是用一个模型来描述混合物的均匀性。实验结果证明了这种方法的有效性，并可用于多种多相流的研究。

针对不同底吹模式下熔池搅拌效果进行底吹搅拌试验研究，探索底吹氧枪倾角、氧枪排数及氧枪是否对称排布等因素对熔池搅拌效果的影响。采用单一变量分析方法，基于同调群理论和图像分析的贝蒂数多相流混合效果评价方法对不同底吹模式下熔池搅拌混匀时间进行计算和对比。

　　针对评价多相流混匀时间的方法进行了水模型顶吹搅拌容器试验研究，利用混合过程中示踪粒子的分布随时间演化规律来确定搅拌容器内的宏观混匀时间。通过图像处理技术分割每一图样，并结合同调群理论计算分割后二值化图样的贝蒂数，构建零维贝蒂数 $\beta0$ 作为评价混匀时间的指标，观察零维贝蒂数 $\beta0$ 的变化规律并利用平均值法确定混匀时间。改进型贝蒂数法能够准确提取出图像中示踪粒子的分布信息，与电导率法测定的混匀时间偏差不超过 10%。同时分析得出 16 组不同工况下测定的混匀时间总体随着喷枪插入深度和流量的增加而减小。为提高艾萨炉使用寿命、强化艾萨炉冶炼生产及优化艾萨炉工艺过程提供了一定的试验依据。

　　贝蒂数法的全部代码扫描本章二维码查看。

6.8　基于坐标时间序列的多相混合混沌特征评价方法

　　搅拌操作在化工、冶金、生物等领域有着广泛的应用，混合效果的提升对提升产品质量和降低企业成本有着重要的意义。在实际应用的场景下，高转速湍流混合因剪切力高、机械寿命低、物料易喷溅等客观原因难以推广应用。因此目前工业上主流的搅拌方式以低速层流搅拌为主。但是低速层流搅拌效率十分低下，尤其是在混合过程中会形成混合隔离区，在这个区域内部与外部的物质交换仅依靠最基本的物质扩散进行，因此效率更高的混沌搅拌越来越受到人们的关注。

　　为满足在各种工况下高效混合的需求，混合器的设计成为了一项重要课题。由于强制对流情况下影响流场的参数非常多，如桨叶数量、叶轮转速、叶轮半径等，因此在设计的时候需要根据实际情况进行设计。在实际操作中，不同搅拌槽的各项参数截然不同，因此要想快速高效的诱发混沌现象，搅拌槽需要高度定制化。目前最常见的技术路线是由实验室开始进行逐级放大最后推广应用。在这个过程中，涉及多种工况混沌性的评价。流场的混沌性有着明显的初值敏感性，因此在不同工况下其混沌特征会有显著变化，其本质是打破混合过程中的周期性扰动，使流场迹线交叉甚至是垂直，诱发混沌现象，提升混合效果。然而目前对于搅拌槽内混沌现象的判断或是对比仍是一大难题。

　　如今对于系统混沌特性的研究技术主要是基于数学理论的数学量化法，主要有最大 Lyapunov 数、庞加莱截面等。最大 Lyapunov 数法是目前比较主流的混沌判断方法，表示系统在相空间中相邻轨道间收敛或发散的平均指数率。使用这种方法首先要确定动力系统常微分方程的近似解，然后对系统雅各布矩阵进行特征值分解或奇异值分解求得 Lyapunov 数。使用这种方法的前提是动力系统的运动学方程，这在实际操作中难度非常大。虽然后续有开发出以基于 Wolf 算法和 Rosenstein 小数据法为代表的轨道跟踪法作为辅助，但这些方法都是基于理论值估计，并不能完全代表实际动力系统。与最大 Lyapunov 数法相似，庞加莱截面法需要重构相空间，也难以避开求解动力系统运动学方程的问题。此外庞加莱截面法本身是一种简化算法，在某些情况下并不能完整描述相空间内轨迹状态，高度依赖算法。综上，基于数学理论的数学量化方法高度依赖动力系统的运动学方程，这在实际操作过程中非常难以实现，而且使用的时候输入数据多为压力波动、温度波动等时间序列，这些参数在采集的时候往往只能采集单点的压力参数变化，难以代表整个流体域，而且采集点布设复杂。因此需要一种简单便捷且能对整个流体域的混沌特征进行分析的方法。

为解决以上问题，作者发明一种基于坐标时间序列的多相混合混沌特征评价方法，能够简单方便地对整个流体域的混沌状态进行评价。混沌系统是由周期系统加入扰动形成的，该发明将从最终结果入手，使用算法迭代去除扰动，最终得到初始周期轨迹，即极限环，通过对比形成极限环所需迭代次数对比不同混合方式的混沌特性。

该方法的具体步骤如下：

（1）利用摄像头识别系统或多轴陀螺仪实时记录搅拌槽内单个示踪粒子的三维坐标时间序列；

（2）绘制三维轨迹图并分别绘制 x-y、x-z 与 y-z 平面的二维轨迹图；

（3）对 x-y、x-z 与 y-z 平面的二维轨迹图进行图像处理，计算连通域数量；

（4）通过中点坐标法处理三维坐标时间序列；

（5）重复执行第（3）步和第（4）步直至 x-y、x-z 与 y-z 平面的二维轨迹图分别有一个连通域，即形成稳定极限环；

（6）对比相同采样率下相同采样时间内不同系统重复执行第（3）步和第（4）步的次数，判断工质的混合均匀性与混合效率。

全部代码扫描本章二维码查看。

复习思考题

6.1 0-1 测试的含义是什么，它与 Lyapunov 指数相比有哪些优势？

6.2 贝蒂数法的含义是什么，$\beta 0$ 和 $\beta 1$ 分别表示什么含义？

6.3 力矩法的含义是什么，对于一个点和 n 个点时公式的含义分别是什么？

Matlab 在数字图像

处理中的应用

扫描二维码
查看本章代码

7.1　灰度变换

灰度变换函数描述了输入灰度值和输出灰度值之间变换关系，一旦灰度变换函数确定下来，其输出的灰度值也就确定了。可见灰度变换函数的性质决定了灰度变换所能达到的效果。用于图像灰度变换的函数主要有以下 3 种：

（1）线性变换。当 fa>1 时，输出图像的对比度将增大；fa<1 时，输出图像对比度将减小。fa＝1 且 fb 非零时，所有像素的灰度值上移或者下移，使整个图像更暗或者更亮。fa<0，暗区变亮，亮区变暗。

（2）对数变换。对数变换可以增强一幅图像中较暗部分的细节，用来拓展被压缩的高值图像中的较暗像素。

（3）幂律（伽马）变换。幂律（伽马）变换可以增强一幅图像中较亮部分的细节。

7.1.1　线性变换

在曝光不足或过度的情况下，图像灰度可能会局限在一个很小的范围内，这时就形成一个模糊不清，似乎没有灰度层次的图像，采用线性变换对图像每个像素灰度做线性拉伸，可以有效改善图像视觉效果。

线性变换主要是调整一幅图像的对比度和亮度，其公式为

$$y = ax + b$$

式中，x 为图像的每个像素点，对应图 7.1 中的 $f(m, n)$；y 为线性变换后的输出，对应图 7.1 中的 $g(m, n)$；a 为调整图像的对比度，对应图 7.1 中的 $k = (d - c)/(b - a)$；b 为调整图像的亮度，对应图 7.1 中的截距，即上/下平移量。

a>1 时表示增加图像的对比度，图像看起来更加清晰；

a<1 时表示减小图像的对比度，图像看起来变暗；

a<0 且 b＝0 时表示图像的亮区域变暗，暗区域变亮；

a＝1 且 b≠0 时表示图像整体的灰度值上移或者下移，也就是图像整体变亮或者变暗，不会改变图像的对比度，b>0 时图像变亮，b<0 时图像变暗；

a＝-1 且 b＝255 时表示图像翻转。

在进行图像增强时，上述的线性变换函数用得较多的就是图像反转，根据上面的参数，图像反转的变换函数为 $S = 255 - S = 255 - S$。图像反转得到的是图像的负片，能够有效增强在图像暗区域的白色或者灰色细节。

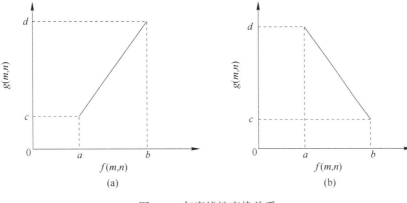

图 7.1 灰度线性变换关系

(a) $k = \dfrac{d-c}{b-a} > 0$；(b) $k = \dfrac{d-c}{b-a} < 0$

图像线性变换代码扫描本章二维码查看，案例效果如图 7.2 所示。

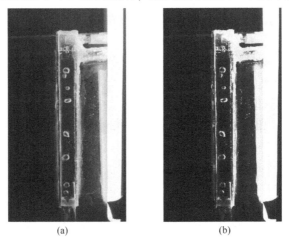

图 7.2 分段变化前（a）和变化后（b）的效果图

7.1.2 对数变换

在数字图像处理中，对数变换函数是一种常用的灰度变换方法。它可以将原始图像的灰度值进行非线性变换，从而增强图像的对比度和亮度。Matlab 对数变换原理是将信号转换为对数域，以便处理和分析。对数变换可以用于信号增益控制、动态范围压缩、噪声消除等。图像的对数变换是通过灰度变换函数，调整输入低质图像的灰度值范围，将图像的低灰度值部分扩展，高灰度值部分压缩，借此强调图像的低灰度部分达到增强图像的目的。该法用于图像增强的原理为显示器无法显示大范围灰度值时，许多灰度细节会被丢失，而对数变换可将其动态范围变换到一个合适的区间，就可以显示出更多的细节。在Matlab 中，可以使用 log 函数实现对数变换。具体实施方法如下：

（1）读取原始图像；

（2）将原始图像转换成灰度图像；

（3）对灰度图像进行对数变换；

（4）显示对数变换后的图像。

对数变换的通用公式为：

$$s = c \times \log_{1+v}(1 + v \times r)$$

式中，s 为输出图像的灰度值；c 为一个常数；r 为输入图像的灰度值；v 越大，灰度提高越明显。

对数变换的全部代码扫描本章二维码查看，执行后得到的效果如图 7.3 所示。

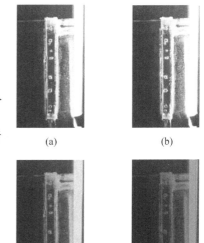

(a)   (b)

(c)   (d)

图 7.3 对数变换效果图

(a) 原始图像；(b) 以 2 为底对数变换后；(c) 以 5 为底对数变换后；(d) 以 15 为底对数变换后

7.1.3 幂律（伽马）变换

幂律（伽马）变换的基本形式为：

$$s = cr^{\gamma}$$

式中，r 为灰度图像的原始灰度值，取值范围为 $[0,1]$；s 为经过伽马变换后的灰度输出值；c 为灰度缩放系数，通常取 1；γ 为伽马因子大小，控制整个变换的缩放程度。

当 $r = 1$ 时，幂律（伽马）变换转换为线性变换；

当 $r > 0$ 时，变换函数曲线在正比函数下方，此时为扩展高灰度级，压缩低灰度值会使图像变暗；

当 $r < 0$ 时，变换函数曲线在正比函数上方，此时为扩展低灰度级，压缩高灰度值会使图像变亮。

对于不同的 γ 值有不同的曲线，如图 7.4 所示。

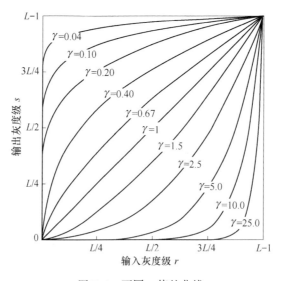

图 7.4 不同 γ 值的曲线

幂律（伽马）变换的全部代码扫描本章二维码查看，其效果如图 7.5 所示。

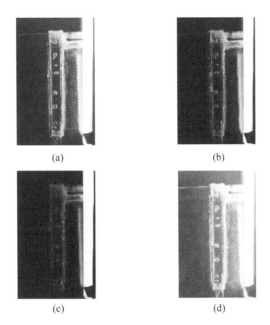

图 7.5 指数变换效果图

（a）原始图像；（b）$d=2$ 时的指数变换图像；（c）$d=4$ 时的指数变换图像；（d）$d=0.5$ 时的指数变换图像

7.2 高帽变换和低帽变换

高帽变换和低帽变换是数学形态学中重要的运算形式，也是形态学中最基本的运算，如膨胀、腐蚀组合实现。

高帽变换是通过利用原始图像与原始图像开操作的结果图像进行图像减操作实现的；而低帽变换是通过原始图像闭操作的结果图像与原始图像进行图像减操作实现的。

高帽变换具有高通滤波的特性，适用于处理具有暗背景、亮物体特征的图像；低帽变换能够检测图像中的谷值，适用于处理具有亮背景、暗物体特征的图像。

高低帽变换代码扫描本章二维码查看，其效果如图 7.6 所示。

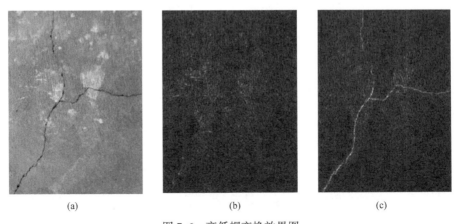

图 7.6 高低帽变换效果图

（a）原图片；（b）高帽变换；（c）低帽变换

7.3 二 值 化

二值化是图像分割的一种方法。将二值化图像中大于某个临界灰度值的像素灰度设为灰度极大值，把小于这个值的像素灰度设为灰度极小值，从而实现二值化。根据阈值选取的不同，二值化的算法分为固定阈值和自适应阈值。比较常用的二值化方法有双峰法、P参数法、迭代法和 OTSU 法等。

图像二值化是将图像上像素点的灰度值设置为 0 或 255，也就是将整个图像呈现出明显的黑白效果的过程。在数字图像处理中，二值图像占有非常重要的地位，图像的二值化使图像中数据量大为减少，从而能凸显出目标的轮廓。

二值图像就是将灰度图转化成黑白图，有全局和局部两种。以局部二值图为例，一种图像特征的提取算法步骤如下：

（1）用 3×3 的模板对图像中每个像素进行处理，比较当前像素和周围像素的大小，将大于当前像素的置 1，小于的置零；

（2）对这周围 8 个像素进行编码，这 8 个零和 1 正好可以组成一个 byte 数，然后按一定的规则组成无符号数；

（3）把这个数赋值给当前像素；

（4）通常对处理后的图像进行区域划分，比如分成 4×4 、10×10 或 16×16 的区域，对每个区域求得直方图，得到 16 个、100 个或 256 个直方图（划分都不是固定的）。

二值化处理图像的全部代码扫描本章二维码查看，直方图效果如图 7.7 所示。

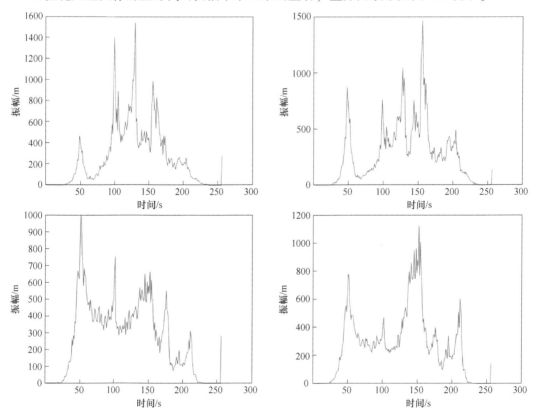

图 7.7　直方图

7.4　滤波变化

中值滤波是一种非线性数字滤波器技术，可用于图片降噪。首先取一个 3×3、5×5、$n \times n$ 的模板，每次从图像中取出模板大小的矩阵，将所有元素排序，取中间值放入模板的中心位置，再还原到原图中，以此类推扫描整个图像。

中值滤波函数代码扫描本章二维码查看，去噪后图片效果如图 7.8 所示。

图 7.8　中值滤波变化图

均值滤波是在图像上对目标像素给一个模板，该模板包括了其周围的邻近像素，再用模板中全体像素的平均值来代替原来像素值。

均值滤波本身存在固有的缺陷，即它不能很好地保护图像细节，在图像去噪的同时也破坏了图像的细节部分，从而使图像变得模糊，不能很好地去除噪声点。

均值滤波函数代码扫描本章二维码查看，其效果如图 7.9 所示。

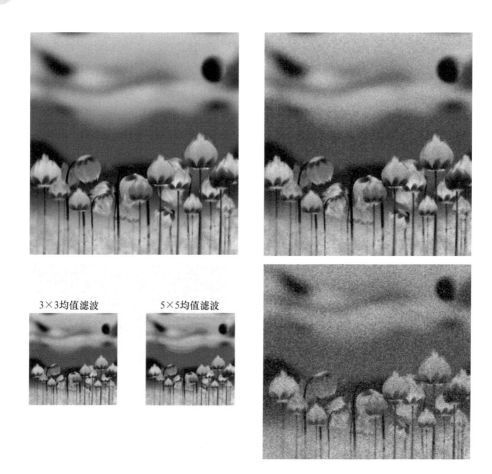

3×3均值滤波　　　　5×5均值滤波

图 7.9　均值滤波变化图

7.5　开运算和闭运算

7.5.1　开运算

　　开运算是一个基于几何运算的滤波器，开运算是先进行腐蚀运算再进行膨胀运算，即把细微连在一起的两块目标分开。开运算的运算图如图 7.10 所示，特点如下：

　　(1) 开运算能够除去孤立的小点、毛刺和小桥，而总的位置和形状不变；

　　(2) 结构元素大小的不同将导致滤波效果的不同；

　　(3) 不同结构元素的选择导致了不同的分割，即提取出不同的特征。

7.5.2　闭运算

　　闭运算是通过填充图像的凹角来滤波图像的，是先进行膨胀运算再进行腐蚀运算，也就是将两个细微连接的图块封闭在一起。闭运算的运算图如图 7.11 所示，特点如下：

（1）闭运算能够填平小湖（即小孔）、弥合小裂缝，而总的位置和形状不变；

（2）结构元素大小的不同将导致滤波效果的不同；

（3）不同结构元素的选择会导致分割的不同。

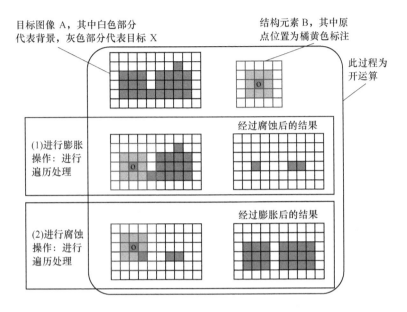

图 7.10　开运算运算图

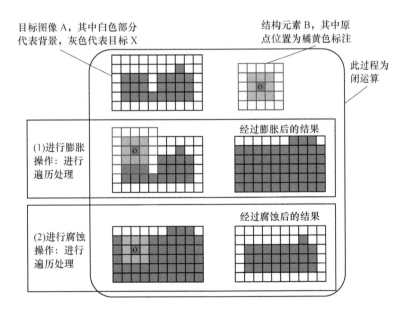

图 7.11　闭运算运算图

开闭运算的代码扫描本章二维码查看，运行的效果图如图 7.12 所示。

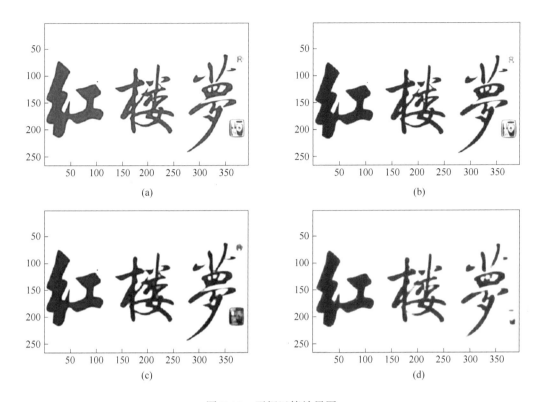

图 7.12　开闭运算效果图

（a）原始图像；（b）灰度图像；（c）开启运算后图像；（d）闭合运算后图像

复习思考题

7.1　RGB 图像怎样变为灰度图像或者黑白图像，并用 Matlab 将一张 RGB 图像变为灰度图像或黑白图像，在同一个窗口内分成 3 个子窗口来分别显示 RGB 图像和灰度图像，注明文字标题，并将结果以文件形式保存。

7.2　请以一个具体应用（例如 OCR、自动驾驶、人脸识别打卡等）为例，说明数字图像处理的 3 个层次都是如何体现出来的？

7.3　灰度图像的直方图分布与对比度之间的关系是什么？

8   Matlab 在 PS 转炉中的应用

扫描二维码
查看本章代码

    PS 转炉是铜锍吹炼的主要设备。由于转炉热容量大、作业周期内温度变化小、生产率高、炉衬寿命长，节约维护时间和运转吹炼平稳等优点，目前世界上超过 50% 的铜锍吹炼使用 PS 转炉。铜锍吹炼分两个阶段进行，即造渣阶段和造铜阶段，造渣期的主要目标是除去铜锍中的铁，生成主要含 Cu_2S 的白锍；造铜期的主要目标是除去铜锍中的硫，生成含铜 98% 以上的粗铜并使贵金属元素富集。在炼铜转炉吹炼过程中，造渣期与造铜期吹炼终点准确判断是转炉冶金工艺的一个重要研究方向，终点判断直接影响粗铜的生产质量。在实际生产中，转炉终点判断完全由炉长个人经验通过看火焰或在恶劣条件下从风口取样来判定终点，工作量大、成本高、时效性差，容易导致喷炉、过吹、欠吹等操作事故，给下游阳极板生产带来不利影响，转炉吹炼过程中的间歇作业和自动化程度低为每个阶段终点精确判断提出了严峻挑战。

    国内外许多学者提出铜转炉吹炼终点预报模型和开发终点预报系统。有学者通过烟气取样器、烟气预处理装置、烟气分析仪分析吹炼过程烟气中 SO_2 浓度判断吹炼终点，但仪器价格昂贵且易损坏。范进军等人通过对造渣期炉内 PbO 和 PbS 强度采集和分析，开发了吹炼智能监测系统。由于转炉内工况复杂，条件恶劣，受前端配料及熔炼的影响，冰铜带入的铅含量波动大，造成炉内信息采集不准确，判断存在一定误差。曾有学者从热力学角度出发，通过建立热力学模型来进行转炉过程仿真和终点预报，取得一定效果，但由于许多热力学参数测量难度大、生产现场操作参数的间歇性和随机性、参与反应的物质差异性，因此在实际应用中对测量设备要求高、测量难度大。梅炽基于神经网络和自适应残差补偿算法提出的终点预报模型；孙鑫红等人利用主元分析法将影响因素重组，提出一种基于遗传算法的 Elman 神经网络模型对铜转炉吹炼终点进行预测。利用算法建立的终点预报模型，一定程度上避免了复杂的机理模型，具有预报快、精度高的特点，但由于铜锍吹炼的间歇式作业，使得各变量间呈现非线性关系，摇炉等操作对预测精度提出了挑战。有文献基于炉口火焰信息提出了基于模糊神经网络的炉口火焰智能处理系统，实现了熔池光强实时监测，开启了转炉终点预报新途径。但由于模糊神经网络需要学习和优化权系数，模糊神经网络优化权系数的关键是学习算法。

    机器学习是人工智能领域的研究热点，近年来，基于机器学习的人工智能技术得到了迅速发展，其理论与方法已被广泛应用于解决工程应用和科学领域的复杂问题。张越基于 BP 神经网络和全卷积神经网络在有损伤的风机叶片表面进行损伤图像的分类检测，实现了不同等级的风机叶片表面损伤图像的识别检测，将图像识别算法推广到表面检测领域。田敏将复杂工业场景下常见的机械零件作为视觉检测的对象，提出一种基于区域级卷积神经网络的多类零件部件分类识别和定位检测模型，成功实现了基于浅层学习和深度学习的工业场景视觉检测。此外，Hinton 等人构建 AlexNet 在 ImageNet 获得了瞩目的成绩；Shih-Chung 等人将卷积神经网络应用于医疗图像的疾病诊断中；Taylor 等人将迁移学习引入强化学习中提高模型训练度和防止过拟合。

随着图像处理技术和机器学习的不断成熟，基于图像特征的火焰识别方法受到了广泛关注。陈天炎等人提出了一种基于 YcbCr 颜色空间阈值分割的方法，利用火焰在颜色中的不同表现特征，从而提取火焰区域。Hart 利用图像 RGB 中 R 通道的饱和度，设定阈值判断火焰发生区域。ByoungChulKo 等人通过火焰颜色特征、帧差和局部亮度变化的有限值提取火焰区域和特征。王文朋通过改进图像特征、优化深度学习模型、构建深度迁移学习模型提出一种基于局部特征过滤的快速火焰识别方法和多通道卷积神经网络的火焰识别方法，有效提升了火焰识别的精确率和稳定性。

目前，将火焰识别应用于实际生产实践中的情况较少，数据来源单一。本章引入颜色矢量相关性算法和图像颜色矩提取算法，结合火焰识别算法和余弦相似度算法等，将多指标进行优化作为神经网络特征值的输入，为转炉炼铜造渣期终点判断提供了指导。

8.1　数据采集与传输

所建立的转炉炼铜产品质量合格率预测系统是通过 Matlab 的 App Designer 软件设计编译功能设计，便于使用者界面化操作，包括模块、界面和功能函数等。读取设备使用 8 路 RS485 数据采集模块信号转换装置，能够自由地根据输入信号的类型是热电偶还是电压/电流信号进行数据转换。

当获取数据信号输入类型为热电偶时，输出数码值为无符号 16 位数据，1~65535 线性对应工程值温度最小值至温度最大值。当输出数码值为零时表示热电偶断线。数码值和工程值的线性换算关系为：

$$f(D) = \frac{(D - D_0) \times (A_m - A_0)}{D_m - D_0} + A_0$$

式中，A_m 为工程最大值；A_0 为工程最小值；$D - D_0$ 为当前数码值；$D_m - D_0$ 为数码值范围。

例如接入 K 形热电偶，数码值为 32000，依据量程换算关系为：

$$f(D) = \frac{32000}{65535} \times 1300.0 + 0.00 = 634.7753℃$$

当获取数据信号输入类型为电压/电流时输出数码值为 16 位有效数，-32768~+32767 线性对应电压或电流的最小值至最大值。数据信息转换方法见表 8.1。

表 8.1　数据转换对照表

数据包头	标志位	axL	axH	…	YawL	YawH
0x01	Flag	0xNN	0xNN	…	0xNN	0xNN

注：0xNN 为收到的具体数值。

设 A_1 为二氧化硫浓度、A_2 为氧气浓度、A_3 为出铜终点压力、W_1 为冷料加入量、W_2 为供风压力、W_3 为沉降室出口温度，低字节在前，高字节在后，对应的数据通道计算公式如下：

$$A_1 = [(a_x H \ll 8) | a_x L]/65535 \times 15$$
$$A_2 = [(a_y H \ll 8) | a_y L]/32768 \times 21$$

$$A_3 = \left[(a_zH \ll 8) \mid a_zL \right]/32768 \times 1300$$
$$W_1 = \left[(w_xH \ll 8) \mid w_xL \right]/32768 \times 250$$
$$W_2 = \left[(w_yH \ll 8) \mid w_yL \right]/32768 \times 1.71$$
$$W_3 = \left[(w_zH \ll 8) \mid w_zL \right]/32768 \times 180$$

需要特别注意的是，我们使用 485 所采集到的数据都是 16 进制发送的，不是 ASCII 码，并且每个数据分从低字节到高字节按顺序传送，形成有符号的 short 类型的数据。

8.2　图像处理

造渣过程伴随着元素含量的变化，火焰颜色也有肉眼可见的变化，如呈现红、白、蓝的状态，具备显著的特征。通过火焰颜色进行终点判断，辅助操作人员更加明确造渣终点，避免人员经验差异或者操作失误影响铜含量生产。引入颜色矢量相关性算法和图像颜色矩提取算法，结合火焰识别算法，将多指标进行优化作为神经网络特征值的输入，为转炉炼铜造渣期终点判断提供了指导。

8.2.1　颜色矢量相关性算法

在 RGB 颜色空间中，颜色向量是用三维矢量来表示的。对于三维空间内的一个矢量，可以由两个参量决定，即向量的方向和幅值。判断两个矢量之间的相似性也由这两个参量决定，两个矢量之间的方向相似性度量可由相关系数的计算得到。

假设 RGB 颜色空间中两种不同的颜色矢量分别用 μ 和 v 表示，$\mu = (\mu_1, \mu_2, \mu_3)'$ 和 $v = (v_1, v_2, v_3)'$，这两种颜色矢量之间的相关系数用 $\xi(\mu, v)$ 表示，可直接应用于转炉炼铜造渣期终点的预测数值分析计算中：

$$\xi(\mu, v) = \frac{\langle \mu, v \rangle}{\| \mu \| v_i} = \frac{\sum\limits_{i=1}^{3} \mu_i v_i}{\left(\sum\limits_{i=1}^{3} \mu_i^2 \right)^{\frac{1}{2}} \cdot \left(\sum\limits_{i=1}^{3} v_i^2 \right)^{\frac{1}{2}}}$$

其中，$\xi(\mu, v) \in [0, 1]$，$\xi(\mu, v)$ 值越大，表示火焰图像的颜色相似程度越大。

8.2.2　图像颜色矩提取算法

众多专家和学者专注于研究图像的识别问题，提取区域的颜色特征作为标志。颜色特征是在图像检索中应用较为广泛的区域视觉特征，主要原因在于颜色和图像中所包含的物体或者场景紧密相关。与其他的视觉特征相比，颜色特征对于图像本身的尺寸、方向和视角的依赖性较小，具有极高的鲁棒性。这种全局特征详细描述了物体图像区域所对应的物体表象特征。这种颜色特征基于像素点特征，所有属于图像或图像局部区域像素各自具有贡献。同时结合颜色对于图像或者区域方向、大小等因素变化不敏感的特点，使用颜色矩的特征提取方法与造渣期各阶段进行匹配。

颜色矩是一种基于数学方法计算颜色的矩，并用来描述图像颜色分布的方法。图像中任一颜色分布均可以用颜色的矩来表示，颜色矩可直接在 RGB 空间计算。由于颜色的分布信息主要集中在低阶矩，因此，仅采用颜色的一阶矩、二阶矩和三阶矩就可以充分表达图像的颜色分布。其定义分别为：

$$\mu_i = \frac{1}{N}\sum_{j=1}^{N} P_{ij}$$

$$\sigma_i = \left[\frac{1}{N}\sum_{j=1}^{N}(P_{ij}-\mu_i)^2\right]^{\frac{1}{2}}$$

$$\zeta_i = \left[\frac{1}{N}\sum_{j=1}^{N}(P_{ij}-\mu_i)^3\right]^{\frac{1}{3}}$$

式中，P_{ij} 为第 j 个元素的第 i 个颜色分量；N 为像素数量。一阶矩 i 定义的是每个颜色分量的平均强度，二阶矩和三阶矩分别定义了颜色分量的方差和偏斜度。分别计算三种颜色矩在这个阶段的不同数值的平均值归一化特征。

转炉炼铜造渣期火焰图像特征根据图像的特征属性提取进行评价，对于转炉炼铜数据而言，仍需要神经网络进行优化和分类，利用广义神经网络建立火焰颜色特征与转炉炼铜造渣的数据之间的预测模型。

8.2.3　广义回归神经网络模型

广义回归神经网络包含径向基神经元和线性神经元，GRNN 在结构上由 4 层构成，分别为输入层、模式层、求和层和输出层。输入层神经元的数目等于学习样本中输入向量的维数，各神经元是简单的分布单元，直接将输入变量传递给模式层。广义回归神经网络结构如图 8.1 所示，该网络结构隐含层为径向基层，输出层为线性层。在该神经网络中，R 表示输入元素数量，隐含层有 S^1 个径向基神经元，输出层有 S^2 个线性神经元。其中，径向基神经元的结构如图 8.2 所示，径向基神经元输入为向量 x 和权值 w 之间的距离乘以阈值 b 见式（8.1），径向基神经元的输出见式（8.2）：

$$k_i^p = \sqrt{\sum_j (w1_{ji}-x_j^p)^2} \times b1_i \tag{8.1}$$

$$r_j^q = \exp[-(k_i^q)^2] = \exp[-(\|w1_i-x^q\| \times b1_i)^2] \tag{8.2}$$

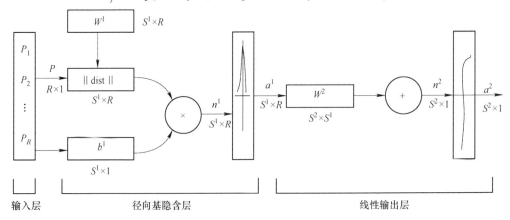

图 8.1　广义回归神经网络结构图

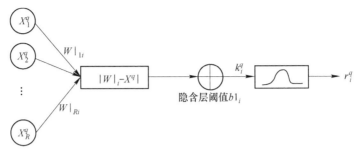

图 8.2　径向基神经网络模型

径向基隐含层的单元数等于训练样本数 s^1，其权值函数为欧几里得距离度量函数：

$$\| dist \|_j = \sqrt{\sum_{i=1}^{R}(p_i - w_{ji}^1)^2} \quad (j = 1,\ 2,\ \cdots,\ s^1) \qquad (8.3)$$

式（8.3）的作用是计算网络输出矢量 $\boldsymbol{P}$ 与第一层的权值矢量 $\boldsymbol{W}1$ 之间的距离。权值函数的输出结果与隐含层阈值 $b1$ 的乘积形成净输入 n^1，并将其传送到隐层的传递函数。隐层传递函数为径向基函数，常采用高斯函数表示：

$$a^1 = e^{-(n^1)^2}$$

高斯函数是一种局部分布对中心径向对称衰减的非负非线性函数，对输入信号再产生局部响应，并且当输入参数信号接近基函数的中央范围时，隐含层节点将产生极大输出，抑制输出单元的激活，使得网络具有局部逼近的能力。径向基函数的阈值 $b1$ 一定程度上能够调节函数的灵敏度，结合扩展常数 C，设定 $b1_i = 0.8326/C_i$，此时隐含层神经网络的输出为：

$$a^1 = \exp\left[\frac{\sqrt{\sum(w1_{ji} - x_j^q)^2} \times 0.8326}{C}\right]$$

$$= \exp\left[-0.8326^2 \times \left(\frac{\| w1_i - x^q \|}{C_i}\right)^2\right]$$

GRNN 收敛于样本量积聚较多的优化回归面，并且在样本数据较少时，预测效果也较好。因此，GRNN 在多个各个领域得到了较为广泛的应用。然而它在转炉炼铜造渣期终点预测领域的报道仍然较少，GRNN 模型的优点是模型结构简单，需要调整的参数少，预测速度快，并且避免了繁琐、冗长的数学计算，有较好的应用前景。

RGB 色彩提取代码扫描本章二维码查看，效果如图 8.3 和图 8.4 所示。

图 8.3　原始火焰图像

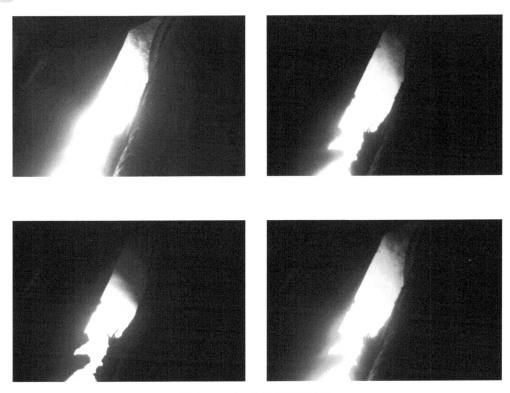

图 8.4　RGB 色彩提取结果图

在图像处理后还可以将图像的不同分量进行相加，其效果图如图 8.5 所示。

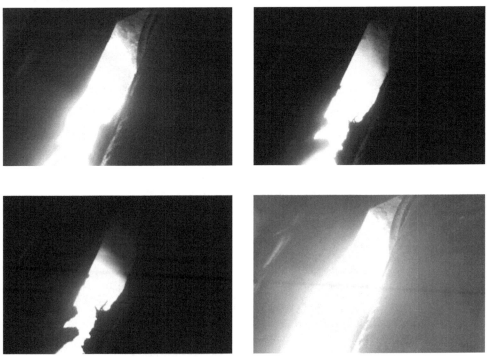

图 8.5　图像不同分量相加结果图

8.3 APP designer 软件设计

转炉炼铜造铜期终点判断的命中率直接关系到铜的质量和熔炼效率。针对铜转炉造渣、造铜终点判断智能化程度和命中率低的问题，提出了一套集转炉工作条件、熔炼参数数据采集和造铜、造渣终点智能预报动态系统，显著提高了预报命中率。

该系统的操作模块界面主要针对转炉炼铜造铜期多目标的数据信号采集，按照操作流程介绍各模块的使用方法和注意事项。模块分为坐标数据可视化显示区域、右侧功能区和数据值显示区域（见图 8.6）。可视化区域包括当前瞬间的八通道数据显示和全过程八通道数据显示，通过点击左上角"当前/全过程"进行切换，切换后界面如图 8.7 所示。同时，切换后仍可通过点击如图 8.8 所示的通道进行切换。

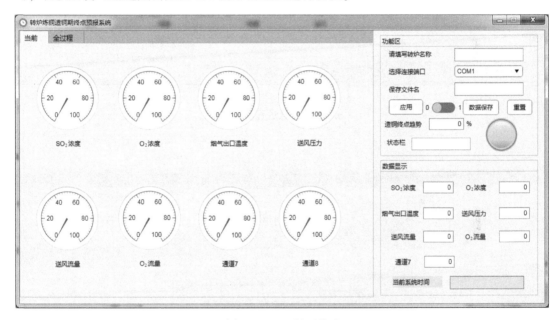

图 8.6 APP 界面构成

功能区需要在操作前填写转炉名称，作为文件内容的必要项。选择连接端口（见图 8.9），点击切换。端口包含 COM1-COM9，如果在后续生产过程 COM 口数量不够，可进行优化。选择合适的 COM 口可以进行信号发生器的连接，并保存文件名。

数据值显示区域可以实时显示当前各项值的变化，同时记录系统时间。造铜终点趋势显示当前距离造铜期终点数值百分比，同时旁边小球颜色会伴随趋势数值进行绿色、黄色、红色的变化。数据小于 50 显示绿色；大于 50 小于 85 显示黄色；大于 85 显示红色，并伴随响铃 1 秒/次；大于 90 显示红色。

采集数据的操作步骤如下：

（1）在"请填写转炉名称"中填写采集的转炉名称，并"选择连接端口"的配对端口号，如果端口号不配对，点击"应用"会提示；

（2）选择合适的端口号后，点击"应用"按钮使得"0-1 切换"按钮显示为 1。

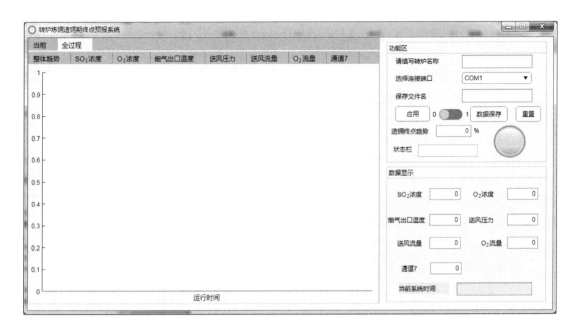

图 8.7   APP 全过程界面构成

图 8.8   通道界面

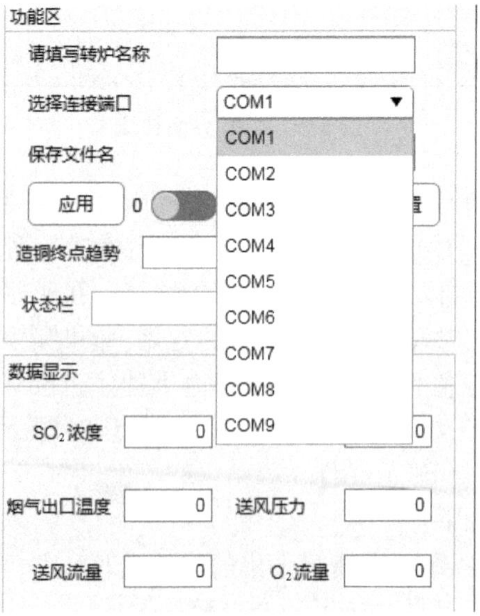

图 8.9   选择连接端口界面

（3）点击"0-1切换"按钮进行停止，弹出"已经停止图像采集，请保存数据!"，点击"确定"。

（4）点击"重置"按钮，弹出"你确定重置所有数据吗?"，点击"是"，确认后将清空所有信息并开始下一次数据采集工作。

8.4 BP 神经网络

1974 年，Werbos 在提出了第一个适合多层网络的学习算法，但该算法并未受到足够的重视和广泛的应用，直到 20 世纪 80 年代中期，美国加利福尼亚的 PDP（Parallel Distributed Procession）小组将该算法应用于神经网络的研究，才使之成为迄今为止最著名的多层网络学习算法–BP 算法，由此算法训练的神经网络，称为 BP 神经网络。

BP（Back Propagation）神经网络模型是神经网络模型中使用最广泛的一种。它是一种具有 3 层或者 3 层以上的阶层神经网络，上、下层之间都实现全连接，而每层各神经元之间无连接。网络按有教师监督的方式进行学习，当一对模式提供给网络后，人工神经网络通过节点之间的相互连接关系来处理从输入层输入的信息，然后从输出层的节点给出最终结果，最后沿着减小期望输出与实际输出之间误差的方向，从输出层至隐含层再到输入层，遂层修正各连接阈值。随着这种误差逆传播修正的不断进行，提高了网络输入模式响应的正确率。

由于 BP 神经网络具有任意精度逼近任意非线性函数、大规模并行处理和分布式信息存储及较高的学习速率等特性，且结构简单、易于编程处理，因此它的应用范围极广，主要的研究工作集中在以下几个方面：

（1）生物原型研究。从生理学、心理学、解剖学、脑科学、病理学等生物科学方面研究神经细胞、神经网络、神经系统的生物原型结构及其功能机理。

（2）建立理论模型。根据生物原型的研究，建立神经元、神经网络的理论模型，包括概念模型、知识模型、物理化学模型、数学模型等。

（3）网络模型与算法研究。在理论模型研究的基础上构建具体的神经网络模型，以实现计算机模拟或准备制作硬件，包括网络学习算法的研究。这方面的工作也称为技术模型研究。

（4）人工神经网络应用系统。在网络模型与算法研究的基础上，利用人工神经网络组成实际的应用系统，如完成某种信号处理或模式识别的功能、构建专家系统、制成机器人等。

图 8.10 所示为拓扑结构的单隐层前馈网络，一般称为三层前馈网或三层感知器，即输入层、中间层（也称隐层）和输出层。它的特点是各层神经元仅与相邻层神经元之间相互全连接，同层内神经元之间无连接，各层神经元之间无反馈连接，构成具有层次结构的前馈型神经网络系统。单计算层前馈神经网络只能求解线性可分问题，能够求解非线性问题的网络必须是具有隐层的多层神经网络。

通常将输入层神经元的个数设定为 n，隐含层神经元个数设定为 r，输出层神经元的

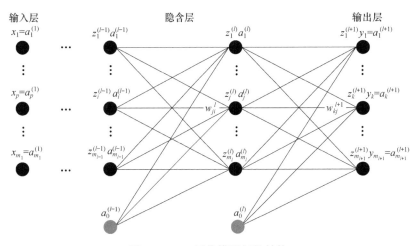

输入层　　　　　　　　　隐含层　　　　　　　　　输出层

图 8.10　BP 网络模型拓扑结构

个数设定为 m，输入层和隐含层之间的参数权值设定为 W_{jk}，隐含层和输出层之间的参数权值设定为 W_{ki}，学习率通常设定为 η。并且，BP 神经网络的隐含层节点和输出层节点函数为 Sigmoid 函数，有：

$$f(x) = \frac{1}{1 + e^{-x}}$$

因为该函数是连续且可导的，则：

$$f'(x) = f(x)\left[1 - f(x)\right]$$

在进行正向传播过程的隐含层神经元输入为：

$$Z_k = f_1\left(\sum_{l=0}^{n} W_{ki} \times x_l\right) \quad (k = 1, 2, \cdots, q)$$

输出层神经元的输出则为：

$$Y_j = f_2\left(\sum_{k=0}^{q} W_{jk} \times Z_k\right) \quad (j = 1, 2, \cdots, m)$$

同样，输出层输出预测结果如果不满足标定量，即存在误差信号，那么反向传递过程的误差计算公式为：

$$E = \frac{1}{2} \sum_{l=1}^{n} \sum_{j=1}^{m} \left(C_j^l - Y_j^l\right)^2$$

式中，C_j^l 为期望得到的数值。

为了将总误差调整到与实际输出的数值与期望在符合标准的范畴，需对隐含层与输出层权值进行调整，具体公式为：

$$\Delta W_{jk} = -\eta \frac{\partial E}{\partial W_{jk}} = \sum_{l=1}^{n}\left(-\eta \frac{\partial E_l}{\partial W_{jk}}\right) = \sum_{l=1}^{n} \sum_{j=1}^{m} \left(C_j^l - Y_j^l\right) f'_2(S_j) \cdot Z_k$$

$$S_j = \sum_{i=1}^{n} W_{ij} + b_j$$

式中，b_j 为输出节点 j 的阈值。

输如层与隐含层之间的权值调整也类似表示为：

$$\Delta W_{ki} = -\eta \frac{\partial E}{\partial W_{ki}} = \sum_{l=1}^{n} \left(-\eta \frac{\partial E_l}{\partial W_{ki}} \right)$$

$$S_k = \sum_{j=1}^{n} W_{ij} + b_i$$

式中，b_i 为输入节点 i 的阈值。

例 **8.1** 采用 BP 神经网络进行非线性函数拟合的全部代码扫描本章二维码查看，Matlab 训练界面如图 8.11 所示，运行结果如图 8.12 所示。

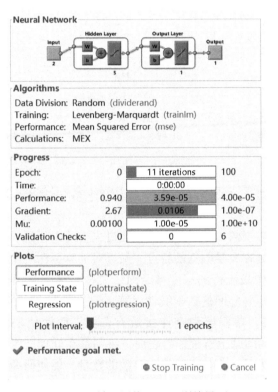

图 8.11 神经网络 Matlab 训练界面

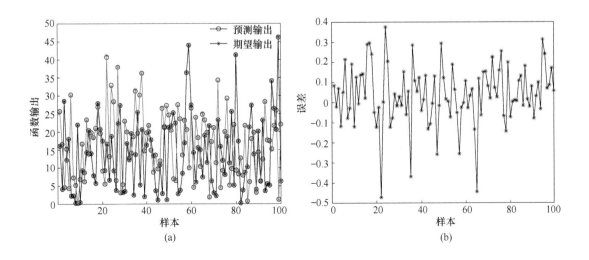

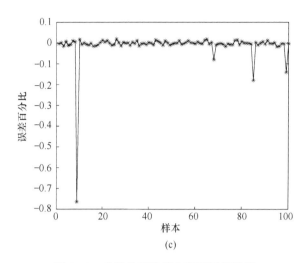

图 8.12　非线性函数拟合程序运行结果

(a) BP 网络预测输出；(b) BP 网络预测误差；(c) 神经网络预测误差百分比

8.5　深度卷积神经网络多任务学习

深度学习是指具有多层的人工神经网络，在过去的几十年里，深度学习被认为是最强大的工具之一，具有能处理大量数据的特点。最近对拥有更深的隐藏层的神经网络开始在不同领域展开研究，其中最流行的深度神经网络之一是深度卷积神经网络（DCNN）。深度卷积神经网络来源于矩阵之间的数学线性运算，称为卷积。DCNN 包括卷积层、非线性层、池化层和全连接层。卷积层和全连接层有参数，而池化层和非线性层没有参数，DCNN 在解决机器学习的问题上有很好的表现，特别是在处理图像数据方面的应用。深度卷积神经网络最大的好处是减少神经网络中参数的数量，促使研究人员和开发人员采用更大的模型来解决复杂的任务，这是人工神经网络无法做到的。DCNN 所解决的问题最重要的假设是不应该具有空间依赖性的特征，例如在火焰特征识别检测的程序中，不需要注意火焰在图像中的位置，唯一需要考虑的是检测到火焰，而不是检测火焰在给定图像中的位置。DCNN 的另一个重要表现是当输入向更深层次传播时可获取抽象特征，例如在火焰图像分类中，可能在第一层检测边缘，然后在第二层检测较简单的形状，然后才是较高级别的特征识别。

几种常见的深度卷积神经网络模型对比见表 8.2。

表 8.2　几种常见的深度卷积神经网络模型

模型名称	AlexNet	VGG-16	GoogleNet	ResNet
提出时间	2012 年	2014 年	2014 年	2015 年
网络总层数	8	16	22	152
卷积层数	5	13	21	151

模型名称	AlexNet	VGG-16	GoogleNet	ResNet
卷积核大小	11, 5, 3	3	7, 1, 3, 5	7, 1, 3, 5
全连接层数	3	3	1	1
Inception	无	无	有	无
TOP-5 错误率/%	16.4	7.3	6.7	3.6

当多个共享相关任务联合训练时，多任务学习更倾向于同时解释所有任务的假设，从而得到更好地挖掘原始任务的模型，这种方法被称为多任务学习（MTL）。MTL 是感应转移的一种形式，其主要目标是提高泛化性能，利用额外任务训练信号中包含的特定信号来提高泛化能力。在只有一个固定训练集的情况下，使用 MTL 往往可以获得更好的泛化效果，MTL 还可以用来减少所需的训练模式的数量达到某些固定的性能级别。通常，大多数学习方法如传统的神经网络只有一个任务，当想要解决一个复杂问题时，可以将它们分解成一些小的、适当独立的子问题来学习。与传统单一任务模型相比，多任务模型可以潜在地利用来自其他相关任务的信息，为特定任务学习更好的表示，提升预测精度。限制在多个任务之间共享输入表示也可以被看作是一种正则化形式，可以对多个任务产生更低泛化误差的特征。多任务模型技术实现了任务之间的信息转移，有效地增加了每个任务的训练数据。目前，神经网络多任务学习在自然语言处理、交通流预测、语音识别等方面得到了广泛应用。

一般而言，深度神经网络的基本结构由卷积层、激活函数、池化层、全连接层 4 个部分所组成。

8.5.1 卷积层

卷积层通过卷积滤波器对输入层所传递过来的图像矩阵进行对应的卷积操作，从而完成对图像特征的抽取。其中，卷积滤波器的大小一般由人工指定，多数情况下会设置为 3×3 或 5×5 的矩阵。

卷积的过程表达如下：

$$S(t) = \int f(t - \tau) \omega(\tau) \, \mathrm{d}\tau$$

上式的离散形式如下：

$$S(t) = \sum f(t - \tau) \omega(\tau)$$

如果输入参数为矩阵，则表达式如下：

$$S(t) = (\boldsymbol{F} \times \boldsymbol{W}) t$$

二维卷积的计算表达式如下：

$$S(i, j) = (\boldsymbol{F} \times \boldsymbol{W})(m, n) = \sum_i \sum_j f(m - i, m - n) \omega(i, j)$$

在卷积神经网络中，卷积操作定义如下：

$$S(i, j) = (\boldsymbol{F} \times \boldsymbol{W})(m, n) = \sum_i \sum_j f(m + i, m + n) \omega(i, j)$$

在图像处理中，卷积过程就是对图像矩阵的不同区域与卷积核矩阵的各个位置元素的乘积然后再相加。其中，需要设置卷积滤波器的大小及步长，步长表示卷积滤波器每次的滑动距离。对于图像矩阵，卷积滤波器从矩阵的左上角开始，并且按照设置的步长依次移动，每一次的卷积都得到一个单位矩阵，最终卷积滤波进行到图像矩阵的右下角，则整个卷积过程视为完成。

8.5.2 池化层

池化也被称为下采样。主要的池化方法有最大池化和平均池化。

最大池化过程是根据池化滤波器的大小选取图像矩阵窗口中的最大值作为最终的输出值。最大池化的计算公式为：

$$a_j = \max_{i \in R_j} (x_i)$$

平均池化过程是根据池化滤波器的大小计算图像矩阵窗口的平均值作为最终的输出值。平均池化的计算公式为：

$$a_j = \frac{1}{|R_j|} \sum_{i \in R_j} x_j$$

8.5.3 激活函数

激活函数的作用是为了让神经网络拟合出各种非线性曲线。常用的几种激活函数如下：

Sigmoid 函数：

$$y = \frac{1}{1 + e^{-x}}$$

Tanh 双曲正切函数：

$$y = \frac{1 - e^{-2x}}{1 + e^{-2x}}$$

ReLU 函数：

$$y = \max(0, x)$$

8.5.4 全连接层

全连接层的一个作用是维度变换，尤其是可以把高维变成低维，同时把有用的信息保留下来。另一个作用是隐含语义的表达，把原始特征映射到各个隐语义节点。对于最后一层全连接而言，就是分类的显示表达。全连接层起到分类器的作用。

例 8.2 应用案例：离散 Hopfield 神经网络进行数字识别的全部代码扫描本章二维码查看，其运行结果如图 8.13 所示。

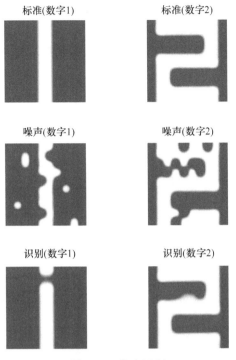

图 8.13　数字识别

8.6　余弦相似度

余弦相似度算法是通过向量空间中两个向量夹角的余弦值作为衡量两个项目间相似性的方法。余弦值越接近 1，夹角越接近零度，表明两个向量越相似性高；余弦值等于 1 时表明两个向量完全相同；余弦值越接近-1，夹角越接近 180°，表明两个向量基本不相似或相似度很低。两个向量之间的角度余弦值确定两个向量的方向的一致性。余弦相似度通常用于正空间，因此给出的范围为-1~1。余弦相似度算法原理如图 8.14 所示。

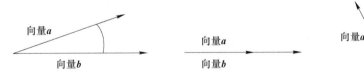

图 8.14　余弦相似度算法原理图

向量空间余弦相似度理论就是基于上述原理来计算个体相似度。假设向量 a (a_1，a_2)、向量 b (b_1，b_2) 是二维向量（见图 8.15），那么余弦定理的表达形式即向量 a 和向量 b 夹角的余弦为：

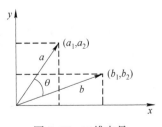

图 8.15　二维向量
夹角示意图

$$\cos\theta = \frac{a \cdot b}{\| a \| \cdot \| b \|} = \frac{(a_1,\ a_2) \cdot (b_1,\ b_2)}{\sqrt{a_1^2 + a_2^2} \cdot \sqrt{b_1^2 + b_2^2}}$$

$$= \frac{a_1 b_1 + a_2 b_2}{\sqrt{a_1^2 + a_2^2} \cdot \sqrt{b_1^2 + b_2^2}}$$

当向量 a 和向量 b 为 n 维向量时，则向量 a 与向量 b 夹角的余弦为：

$$\cos\theta = \frac{a \cdot b}{\parallel a \parallel \cdot \parallel b \parallel} = \frac{(a_1,\ a_2,\ \cdots,\ a_n) \cdot (b_1,\ b_2,\ \cdots,\ b_n)}{\sqrt{a_1^2 + a_2^2 + \cdots + a_n^2} \cdot \sqrt{b_1^2 + b_2^2 + \cdots + b_n^2}}$$

$$= \frac{\displaystyle\sum_{i=1}^{n} a_i b_i}{\sqrt{\displaystyle\sum_{i=1}^{n} a_i^2} \cdot \sqrt{\displaystyle\sum_{i=1}^{n} b_i^2}}$$

余弦相似度算法通常用于数据挖掘中的文本比较，最常见的应用就是计算文本相似度。将两个文本根据他们的词建立两个向量，计算这两个向量的余弦值就可以知道两个文本在统计学方法中他们的相似度情况。实践证明，这是一个非常有效的方法。

应用余弦相似度算法判断火焰图片相似度的代码扫描本章二维码查看，运行结果如图 8.16~图 8.22 所示，结果显示两张图片的相似度为 59.0954%。

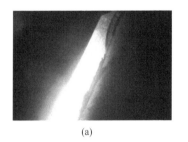 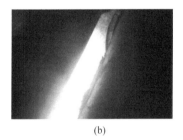

(a)　　　　　　　　　　　　　　　　(b)

图 8.16　原始图像

图 8.17　图 8.16（a）三通道图像

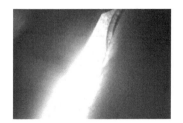  

图 8.18　图 8.16（b）三通道图像

r 通道   g 通道   b 通道

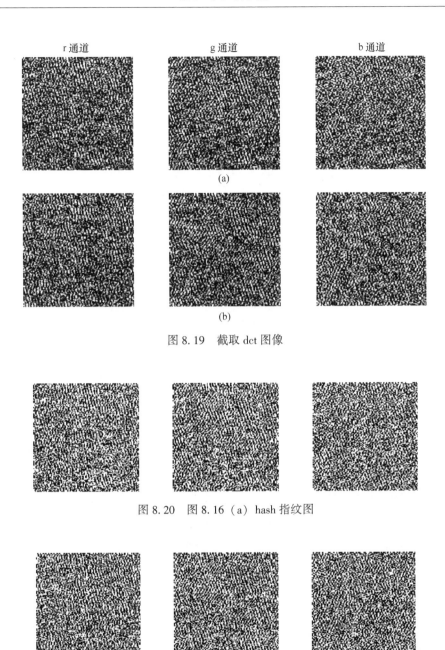

(a)

(b)

图 8.19   截取 dct 图像

图 8.20   图 8.16（a）hash 指纹图

图 8.21   图 8.16（b）hash 指纹图

图 8.22   火焰图像相似度

复习思考题

8.1 对图 8.23 转炉冶炼过程火焰图片进行 RGB 色彩提取，并在图像处理后将图像不同分量进行相加，得到 RGB 色彩提取输出结果。

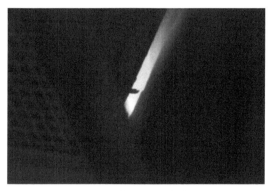

图 8.23 转炉冶炼火焰图

8.2 采用贝叶斯正则化算法提高 BP 网络的推广能力用来训练 BP 网络，使其能够拟合某一附加白噪声的正弦样本数据。

8.3 利用相似度算法，对图 8.24 的转炉图片进行处理，输出截取 dct 图像及 hash 指纹图，并对两张转炉图片进行相似度计算。

图 8.24 转炉图片

9 Matlab 在风机吊装工程中的应用

扫描二维码
查看本章代码

9.1 数据采集与传输

9.1.1 Matlab 的串口通信设计

Matlab 是一个跨平台软件，而此处使用的是自主设计的数据采集卡不具备直接访问的能力。但 Matlab 的面向对象技术，已用一个对象把计算机串口封装起来，只要用 Serial 函数创建串口对象即可，关键语句为：s = serial('COM1','BaudRate',9600)。Matlab 封装的串口对象支持对串口的异步读写操作，通过对异步读写设置，计算机在执行读写串口函数时能立即返回，不必等待串口把数据串输完毕。当指定数据传输结束时就触发事件，执行事件回调函数后对事件回调函数编程并进行数据处理，这样可以大大提高数据的处理效率。

MEX 是 Matlab 的可执行程序，是 Matlab 调用其他语言编写程序或算法的接口，在 Windows 环境下扩展名为 DLL 的动态链接库。对 MEX 编译器进行配置的方法是：在 Matlab 命令窗口中运行 mex-setup，选择 VC6.0++作为编译器；用 C 语言编写端口读、写的操作程序，程序包含有头文件 mex. h 和 mexFunction 函数（mexFunction 函数中 nelhs 表示输出变量的个数，plhs 包含指向输出变量指针的数组，nrhs 表示输入变量的个数，prhs 包含指向输入变量指针的数组）。

数据采集与分析：

（1）数据读取的 Matlab 实现主要代码扫描本章二维码查看；

（2）数据处理与图形绘制。

利用 Matlab 的图形用户接口，通过编程可以很方便地构建数据采集与分析的用户交互界面。将数据采集系统采集的实际心电图信号，用 RS232 导入到 PC 中。在 Matlab 环境下，运行以上已经编好的程序，即可得到如图 9.1 的模拟实验结果。不过要说明的是，此处使用的数据采集系统是八通道同步采集，而仿真时仅使用的是其中一个通道进行的操作。

串口发送数据和连续接收数据的代码扫描本章二维码查看。

9.1.2 串口中断接收数据

Matlab 提供了对串口进行打开、关闭，以及串口参数设置等操作的一系列函数。利用这些函数可以选择串口号、设置串口通信参数（波特率、数据位、停止位、校验位等）、进行中断控制、流控制。从建立串口通信到结束串口通信的完整流程包括以下几个步骤：

（1）创建串口对象，实现该功能的函数为：

obj = serial(port,'PropertyName',PropertyValue);

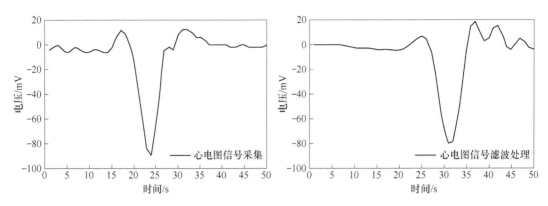

图 9.1　实际心电图信号的采集与处理效果图

例如：

obj = serial(com3,' BaudRate '4800) ;

或使用以下默认设置，创建串口对象，在命令串口输入以下代码，第二句是查看其 obj 默认状态：

obj = serial(' com3 ') ;
obj

其中有两个重要设置项：

BaudRate：　　　9600　% 波特率默认 9600
Terminator：　　' LF '　　%串口触发字符"换行符"

（2）设置或者修改串口通信参数，实现该功能的函数为：

set(obj,' PropertyName ',PropertyValue,) ;

例如：

set(obj,' BaudRate '4800) ;

这样，我们就发现串口的一些基本设置，可以在创建串口时设置，也可以创建串口之后再进行设置。

（3）打开串口，实现该功能的函数为：

fopen(obj) ;

obj 即为前边创建的串口对象。其中，步骤（2）和（3）顺序是完全可以颠倒的。

（4）从串口读写数据，在前面三个步骤正常完成后，即可以从串口读数据或者向串口写数据，也就是接收或者发送数据。

这里介绍几个常用函数，读函数：fread，fscanf；写函数：fwrite，fprintf。

```
A = fread( obj,size ) ;        %从串口 obj 读取 size 字节长短的二进制数据,以数组形式存于 A
str = fscanf( obj ) ;          %从串口 obj 读取字符或字符串( ASCII 码)形式数据,以字符数组形式存于 str
fwrite( obj,A ) ;              % 以二进制形式向 obj 写入数据 A
fprintf( obj,str ) ;           %以字符( ASCII 码)形式向串口写数据 str(字符或字符串)
```

（5） 关闭串口以及释放串口对象占用的存储空间。

```
fclose( obj ) ;          % 关闭串口
delete( obj ) ;          % 释放串口对象占用的内存空间
clear obj ;              % 释放串口对象在 Matlab 工作区中占用的存储空间
```

例9.1 在51 单片机下载串口代码后并在 Matlab 上执行，Matlab 执行代码扫描本章二维码查看。

9.1.3 串口中断设置及中断处理函数

要实现自动收发数据还需要定义串口中断处理函数及触发串口中断的方式。定义触发串口中断的方式是为了在串口检测到接收数据时通知并启动串口数据接收函数进行数据接收操作；在串口输出缓存为空的时通知启动串口数据发送函数。

9.1.3.1 触发串口中断方式。

Matlab 检测到串口通信事件后会触发串口中断。串口读写的事件包括：Bytes available 和 Output empty，其中 Bytes available 事件有两种：一种是接收到的字符数达到人工设定的数目时，则系统产生该事件；另一种是当接收到指定字符时，系统产生该事件。Output empty 事件是在系统检测到输出缓存区为空时，产生该事件。

9.1.3.2 中断方式设置

中断方式设置的代码如下：

```
Bytes available 事件
set( obj,'BytesAvailableFcnMode ',' byte ') ;
set( obj,'BytesAvailableFcnCount ', 240 ) ;        % 串口检测到输入缓存中到达了240 个字符数据时,触发
串口中断。或
set( obj,'BytesAvailableFcnMode ',' terminator ') ;
set( obj,'terminator ',' H ') ;                    %当 串口检测到字符 H 时,则触发串口中断
```

若输出缓存为空事件的产生，该事件由系统自动检测产生，不需要用户特别设置，一般在输出缓存中的最后一个字符发送完毕后产生，但用户可以定义该事件引起的串口中断处理函数。

9.1.3.3 串口中断处理函数

串口中断处理函数是重点中的重点，串口通信时接收数据一般分两种方式，一种是查询方式，另一种是中断处理方式，使用查询方式需不断查询，耗用内存，效率十分低。所以实际通信过程中都使用中断方式，这就需要设置中断触发方式来中断处理函数。

例 9.2   在 51 单片机端采用串口代码来实现串口通信，详细的串口代码扫描本章二维码查看。

9.2 图像处理

9.2.1 图像类型的转换

图像类型转换包括如下几种：

（1）RGB 图像转换为灰度图像：X = rgb2gray（I）。

（2）RGB 图像转换为索引图像：X = rgb2ind（I），还可以输入参数项 dither_option，选择是否使用抖动。

（3）灰度图像转换为索引图像：

$[X, map] = gary2ind（I, n）$

$[X, map]$ 对应转换后的索引图像，map 中对应的颜色值为 gray（n）中的颜色值

$[X, map] = gary2ind（BW, n）$（BW 指原二值图像，n 为灰度等级，默认为 2）。

（4）索引图像转换为灰度图像：I = ind2gray（X, map）。输入图像的数据类型可以是 double 型或 unit8 型，但输出为 double 型。

（5）索引图像转换为 RGB 图像：RGB = ind2rgb（X, map）。输入图像的数据类型可以是 double 型、unit8 型或 unit16 型，但输出为 double 型。

（6）二值图像的转换：im2bw（）。

9.2.2 图像文件的读写

图像文件的读写步骤如下：

（1）图像文件信息。INFO = imfinfo（'filename'，'fmt'）或 INFO = imfinfo（'filename，fmt'）（其中，filename 为 fmt 为文件扩展名；INFO 是一个结构数组，基本内容见表 9.1）。

表 9.1   INFO 内容

结构数组成员名	所代表含义
Filename	文件名称
FileMoDate	文件最后修改日期和时间
FileSize	文件大小（子节）
Format	文件扩展名
FormatVersion	文件格式版本号
Width	图像宽度（像素）
Height	图像高度（像素）
BitDepth	每个像素所占位宽
ColorType	图像类型

（2）图像文件的读取。图像文件的读取如图 9.2 所示。

（3）图像文件的保存。图像文件的保存如图 9.3 所示。

```
1  A = imread(filename)
2  A = imread(filename,fmt)
3  A = imread(___,idx)
4  A = imread(___,Name,Value)
5  [A,map] = imread(___)
6  [A,map,transparency] = imread(___)
```

```
1  imwrite(A,filename)
2  imwrite(A,map,filename)
3  imwrite(___,fmt)
4  imwrite(___,Name,Value)
```

图 9.2　图像文件的读取　　　　　图 9.3　图像文件的保存

（4）图像文件的显示。常用图像文件显示的代码有 imshow（）、imtool（）。

（5）像素信息的显示。常用像素信息显示代码如下：

impixel（）：返回像素或像素集的数据值，可将像素坐标作为函数的输入参数，也可以用鼠标选中像素；

impixelinfo（）：在当前显示的图像中创建一个像素信息工具，可显示鼠标光标所在像素点的信息，并且可以显示图像窗口中所有图像的像素信息。

9.2.3　Matlab 图像的增强

增强图像中的有用信息可以是一个失真的过程，其目的是针对给定图像的应用场合改善图像的视觉效果。有目的地强调图像的整体或局部特性，将原来不清晰的图像变得清晰或强调某些感兴趣的特征，扩大图像中不同物体特征之间的差别，抑制不感兴趣的特征，使之改善图像质量，丰富信息量，加强图像判读和识别效果，满足某些特殊分析的需要。

图像增强的方法是通过一定手段对原图像附加一些信息或变换数据，有选择地突出图像中感兴趣的特征或者抑制（掩盖）图像中某些不需要的特征，使图像与视觉响应特性相匹配。

在图像增强过程中，不分析图像降质的原因导致处理后的图像不一定逼近原始图像。图像增强技术根据增强处理过程所在的空间不同，可分为基于空域的算法和基于频域的算法两大类。

空域法是对图像中的像素点进行操作，用公式描述如下：

$$g(x,y) = f(x,y) \times h(x,y)$$

式中，$f(x,y)$ 为原图像；$h(x,y)$ 为空间转换函数；$g(x,y)$ 为处理后的图像。

基于空域的算法处理是直接对图像灰度级做运算，基于频域的算法是在图像的某种变换域内对图像的变换系数值进行某种修正，是一种间接增强的算法。基于空域的算法分为点运算算法和邻域去噪算法。点运算算法即灰度级校正、灰度变换和直方图修正等，目的是使图像成像均匀或扩大图像动态范围，扩展对比度。邻域增强算法分为图像平滑和锐化两种。平滑一般用于消除图像噪声，但是也容易引起边缘的模糊。常用算法有均值滤波、中值滤波。锐化的目的在于突出物体的边缘轮廓，便于目标识别。常用算法有梯度法、算子、高通滤波、掩模匹配法、统计差值法等。

9.2.3.1 空间域内的图像增强

A 显示灰度直方图

灰度图像的直方图可以使用 imhist（）方法获取，使用方法如下：

imhist（I）：该函数绘制灰度图像 I 的直方图。

imhist（X，map）：该函数绘制索引图像 X 的直方图。

［counts，x］= imhist （…）：该函数返回直方图的数据，使用 stem（x，counts）可以绘制直方图。

获取灰度图像直方图的代码如下，其运行结果如图 9.4 所示。

```
close all;clear all;clc;
I=imread('E:/resource_photo/1(1).jpg');
figure;
subplot(121),imshow(uint8(I));
subplot(122),imhist(I);
```

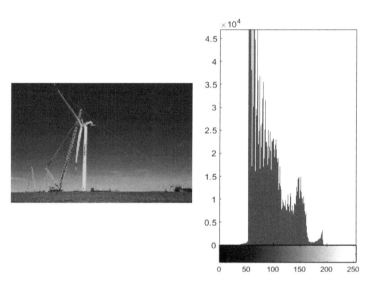

图 9.4　灰度直方图显示

调整灰度图像亮度的代码如下，其运行结果如图 9.5 所示。

```
close all;clear all;clc;
I=imread('D:/resource_photo/1(1).tif');
J=imadjust(I,[0.2;0.5],[0;1],0.4);
K=imadjust(I,[0.1;0.5],[0;1], 4);
figure;
subplot(121),imshow(uint8(J));
subplot(122),imshow(uint8(K));
```

图 9.5 调整灰度图的亮度

对彩色图像进行增强的代码如下，运行结果如图 9.6 所示。

```
close all;clear all;clc;
I=imread('D:/resource_photo/4. jpg');
J=imadjust(I,[0. 2 0. 3 0;0. 6 0. 7 1],[]);
figure;
subplot(121),imshow(uint8(I));
subplot(122),imshow(uint8(J));
```

图 9.6 彩色图像增强

B 图像亮度调节

在 Matlab 中还可以通过函数 brighten( ) 改变灰度图像的亮度，调用方法如下：

brighten(beta)：该函数改变图像的亮度，如果 beta 在 0~1 之间，则图像变亮；如果 beta 在 -1~0 之间，则图像变暗。

brighten(h,beta)：该函数对句柄为 h 的图像进行操作。

调整灰度图像亮度的代码如下，运行结果如图 9.7 所示。

```
close all;clear all;clc;
I=imread('D:/resource_photo/1(1). tif');
figure,imshow(I);brighten(0. 6);%图像变亮
figure,imshow(I);brighten(-0. 6);%图像变暗
```

通过函数 stretchlim( ) 和函数 imadjust( ) 进行图像增强的代码如下，运行结果如图 9.8 所示。

```
close all;clear all;clc;
I=imread('D:/resource_photo/1(1).tif');
M=stretchlim(I);
J=imadjust(I,M,[]);
figure,imshow(uint8(I));
figure,imshow(uint8(J));
```

图 9.7　调整灰度图亮度

图 9.8　图像增强效果

在程序中，通过函数 stretchlim( ) 获取最佳的输入区间，然后通过函数 imadjust( ) 调整灰度，最后达到灰度图像增强的效果。

C　灰度图像的反转变换

使用 imcomplement( ) 进行灰度图像的反转变换，代码如下，运行结果如图 9.9 所示。

代码（灰度图像的反转变换）：

```
close all;clear all;clc;
I=imread('D:/resource_photo/1(1).tif');
J=imcomplement(I)
figure,imshow(uint8(I));
figure,imshow(uint8(J));
```

9.2.3.2　直方图增强

A　RGB 彩色图像的颜色直方图

RGB 彩色图像的颜色直方图使用 Matlab 提供的 imhist 方法，代码如下，运行结果如图 9.10 所示。

计算 RGB 彩色图像的颜色直方图代码如下，运行结果如图 9.10 所示。

```
close all;clear all;clc;
I=imread(' D:/resource_photo/4. jpg ');
figure;
subplot(141);imshow(uint8(I));
subplot(142);imhist(I(:,:,1));
title('R');
subplot(143);imhist(I(:,:,2));
title('G');
subplot(144);imhist(I(:,:,3));
title('B');
```

图 9.9　灰度图像反转

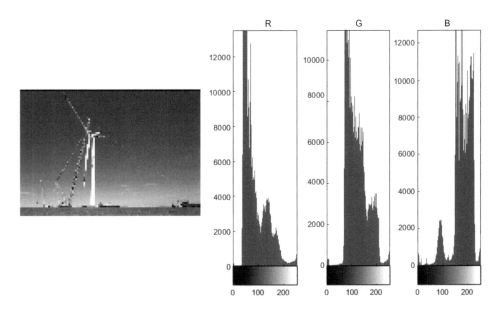

图 9.10　RGB 彩色图像直方图

B　直方图均衡化

在 Matlab 图像处理工具箱中提供了函数 histeq( ) 进行直方图均衡化处理，其具体调用方法是 J=histeq(I,n)。该函数中 I 为输入的原图像，J 为直方图均衡化得到的图像，n 为均衡化后的灰度级数，默认值为 64。

直方图均衡化处理的代码如下，运行结果如图 9.11 所示。

```
close all;clear all;clc;
I=imread('D:/resource_photo/1(1).tif');
J=histeq(I);
figure;
subplot(121);imshow(uint8(I));
subplot(122);imshow(uint8(J));
figure;
subplot(121);imhist(I,64);
subplot(122);imhist(J,64);
```

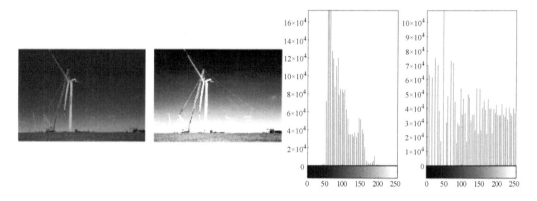

图 9.11　直方图均衡化

C　直方图规定化

直方图规定化使用的函数是 J=histeq(I,hgram)。该函数中 hgram 是一个整数向量，表示用户希望的直方图形状。

图像进行直方图规定化的代码如下，运行结果如图 9.12 所示。

```
close all;clear all;clc;
I=imread('D:/resource_photo/1(1).tif');
hgram=ones(1,256);
J=histeq(I,hgram);
figure;
subplot(121);imshow(uint8(J));
subplot(122);imhist(J);
```

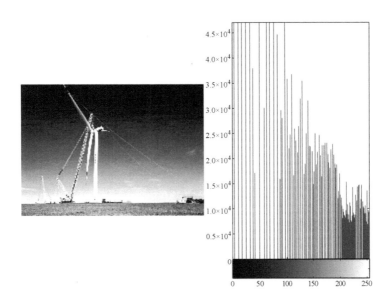

图 9.12 直方图规定化

9.3 APP designer 软件设计

9.3.1 背景

APP designer 软件系统由昆明理工大学冶金节能减排教育部工程研究中心开发。使用者是实验室管理人员、操作人员、部门领导及有关人员，使用时应严格按照说明书的操作规范在保证安全的前提进行操作。

随着我国经济的快速发展，对电力能源的需求日益增大，与之相应的电力工程建设的力度也在不断加强。目前我国的电网规模已经超过美国，位居世界第一。我国已经建成东北、华北、华中、华东、西北和南方共 6 个跨省区电网，其中 110kV 以上的输电线路超过 51.4 万千米，而 500kV 输电线路已成为各大电网的主力。由于我国国土辽阔，地形复杂，平原少，丘陵及山区较多，气象条件复杂，对于特高压和跨区电网等大型工程的初期规划建设和建成后的日常巡查维护，现有的常规测试和检查手段已不能满足其快速高效的要求。

随着自动控制技术、GPS 定位导航技术、航空遥感测绘技术及无线电通信等技术的发展，无人机的使用已从军事领域拓展到许多民用领域，如地形测绘、灾情监测、林业调查、农作物监测等。其中利用无人机航空摄影测量能够高效完成电力建设规划及巡查任务。针对中国能源建设集团云南火电建设有限公司在风电场选址过程中遇到的问题，为保证风机选址高效、安全进行，采用无人机作为辅助工具，实现三维地形建模等功能，为风机及风电场安全、高效安装及运行开发可靠的无人机平台系统。

9.3.2　功能

无人机系统主要由视频传输、测距、覆盖率、路径规划、去雾功能组成。界面如图9.13 所示。

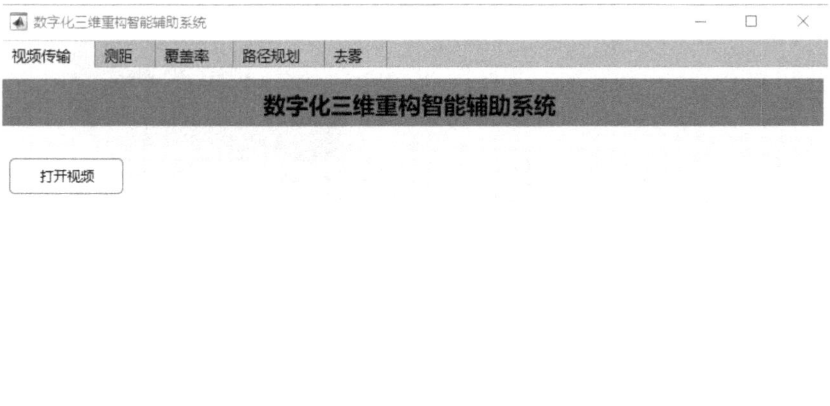

(a)

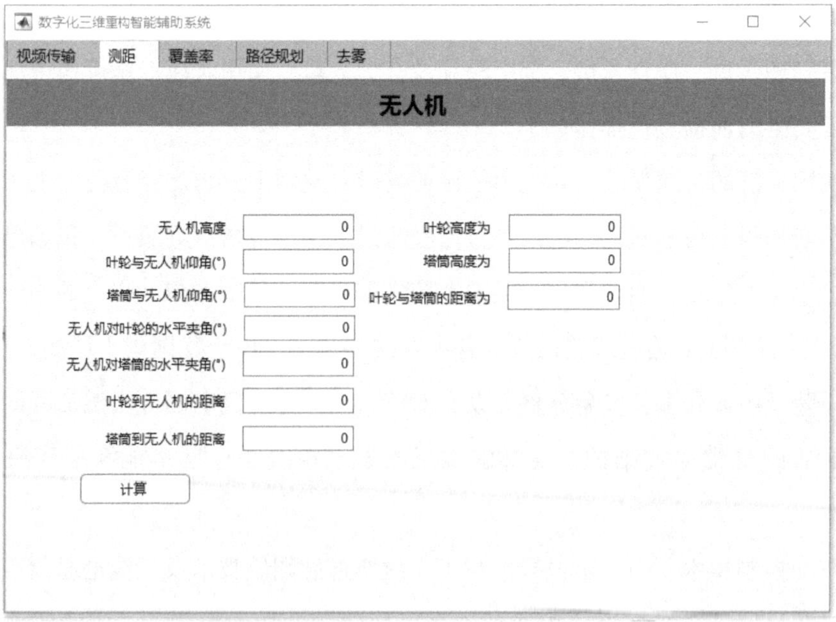

(b)

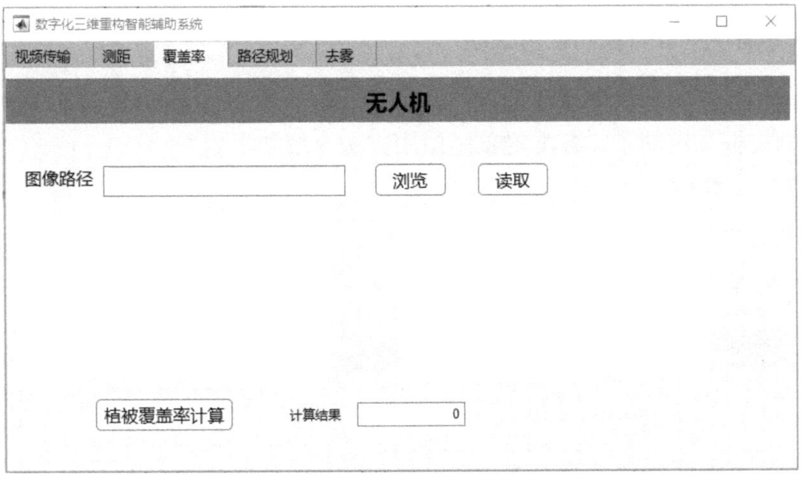

(c)

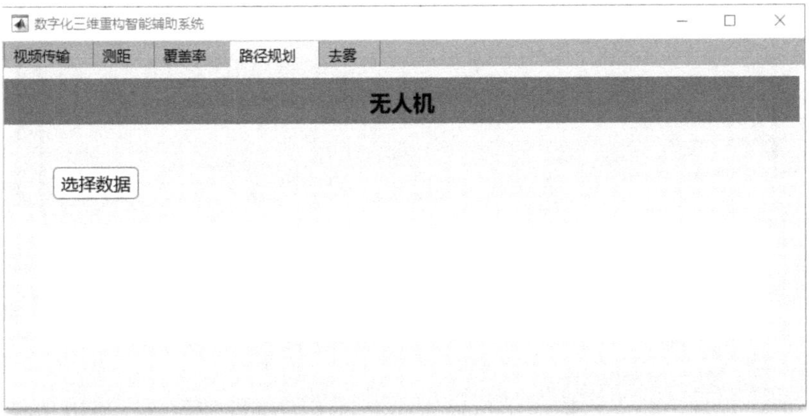

(d)

(e)

图 9.13　无人机系统界面

9.3.3 操作界面中主要对象的使用说明

该系统的操作采用分功能模块的双界面，操作界面中的主要对象包括 4 类：文本框、按钮、下拉列表框和滚动条，各类对象的使用方法介绍如下。

9.3.3.1 文本框

（1）图示。文本框的形式如图 9.14 所示。

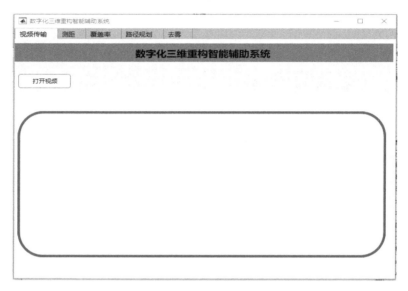

图 9.14 文本框形式

（2）功能。视频接收文本框用来传输实时显示无人机视频信息，可以选择无人机遥控界面和无人机摄像头界面，以方便用户的观察和对照。

（3）操作。配合使用选择串口和打开视频按钮使用。若单击打开视频显示，屏幕状态显示无人机实时视频。

9.3.3.2 按钮

打开视频按钮（见图 9.15）为打开实时视频串口按钮，用于连接遥控器与电脑端的串口。

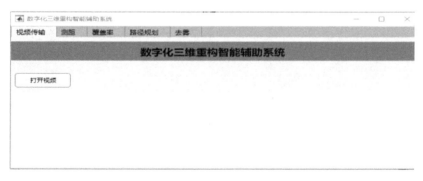

图 9.15 打开视频按钮

9.3.3.3 下拉列表框

（1）图示。下拉列表框如图9.16所示。

（2）功能。下拉列表用于去雾算法的图像处理，选择某些较少且固定多项目的选择输入，以节约输入时间和保证录入的正确性。

（3）操作。下拉列表的操作用鼠标按住上下箭头，以查找合适的选项，找到后单击一下即完成该字段的选择。

9.3.3.4 滚动条

（1）图示。滚动条如图9.17所示。

（2）功能。滚动条的功能是选择图像处理灵敏度。

（3）操作。滚动条为垂直滚动条，点击垂直滚动条的上下箭头，可以根据灵敏度调整图片处理结果。

图 9.16 下拉列表框

9.3.4 使用说明

该系统各窗口界面操作基本相同，复制、粘贴快捷键仍能够在该系统中使用；删除和空格按钮可对数据进行修改；关闭按钮可退出窗口。

9.3.4.1 视频传输模块

视频传输功能为实时传输无人机视频信息，内部包含了激光测距、高度、俯仰角等参数计算，同时具备图像显示和数据控制功能，如图9.18所示。

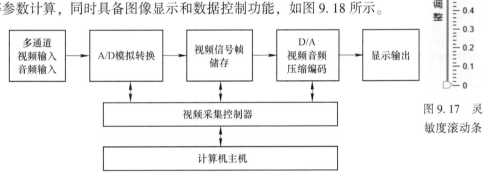

图 9.18 视频传输模块

图 9.17 灵敏度滚动条

将无人机拍摄到的视频、音频信号输入视频采集卡，通过视频采集卡先经过模数转换将模拟信号进行采集、量化成数字信号，然后将数字信号逐帧储存在计算机主机内等待进一步处理，最后将数字信号压缩编码成数字视频转换为模拟信号可将无人机图像转播至扩展屏幕。

视频图像采集卡是机器视觉系统的重要组成部分，其主要功能是对相机所输出的视频数据进行实时采集，并提供与 PC 的高速接口。通过视频采集卡，可以把模拟遥控器输出的视频信号等视频数据输入计算机，利用 Matlab 软件，对数字化的视频信号进行图像识别处理，最后将编辑完成的视频信号转换成标准的电脑可辨别的数字数据并存储在电脑中，成为可编辑处理的视频数据文件。

9.3.4.2 测距

激光雷达测绘技术在本质上属于一种集成化的系统，主要是将卫星定位系统、大数据技术、激光及导航系统等技术融为一体的数码测绘技术。激光雷达测绘技术就是利用卫星系统将需要进行测绘的事物进行准确定位，通过激光系统发射出与之对应的目标信号，而后将反射的信号与原本信号展开对比处理，全方位分析出测量目标的主要位置、高度及运动形态等多方面数据信息，并以此为基础绘制出相应的 3D 坐标及数码图形。同时，这些数据信息在经过计算机的高效处理后，可以直接呈现出测绘目标的立体模型及真实形态。除此之外，激光雷达测绘技术还能够准确、迅速地定位测量目标，并获取目标的 3D 信息，将这种全新的技术手段与工程测绘有效融合，不仅是传统工程测绘技术及测绘模式的革新，同时也能够利用先进的技术手段构造出准确性更高的数字模型，在根本上实现精准、高效的测绘目的。

激光雷达的优点有自动化程度高、受天气影响小、数据生产周期短、精度高等，更重要的是，与传统的无人机摄像头相比，激光雷达不受光线限制，在任何光线条件下都能取得不错的效果。其搭载方式灵活，可以在三维测量、森林资源调查、水利水电勘察设计、滩涂地形测量、农作物长势监测、数字城市、电力巡线等领域很好地应用，节省大量的人力物力。

该系统的操作对象主要包括文本框和按钮两种，下面对各对象的详细操作进行说明。

A　文本框

系统中文本框共有两列 10 个，其中左侧 7 个为待定参数，右侧为输出结果（见图 9.19）。左侧待定参数可通过无人机遥控器直接读取。

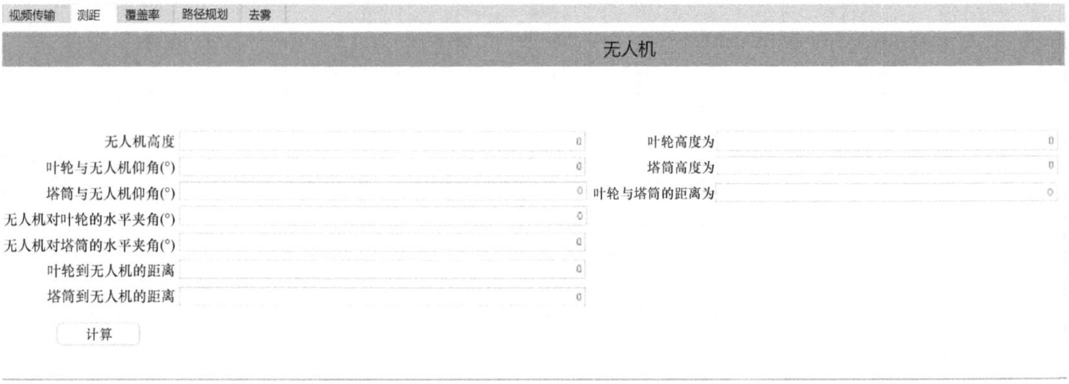

图 9.19　文本框

B　按钮

将 7 个待定参数输入文本框后，点击"计算"按钮即可进行计算，并在右侧文本框输出对应的结果。

9.3.4.3　覆盖率

该系统主要包括按钮及模型显示区域，下面对各对象进行介绍。

点击"浏览"按钮，弹出文件选择框，选择图片格式为".jpg"文件，点击"读取"按钮，图片显示在左侧区域，点击"植被覆盖率计算"按钮图片进行图像处理，结果显示在右侧区域，并在文本框中显示计算结果，如图 9.20 所示。

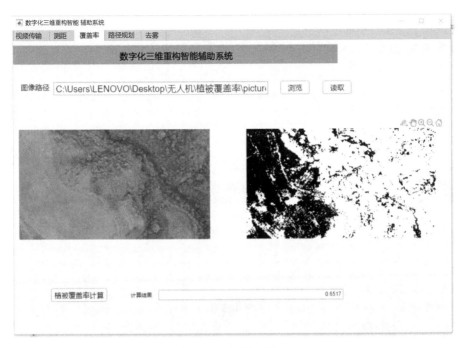

图 9.20 覆盖率系统

9.3.4.4 点云路径规划

该系统主要包括按钮和模型显示区域，下面对各对象进行介绍。

A 按钮

点击"选择数据"按钮弹出文件选择框，选择数据，数据类型限定为".las"文件，点击"打开"即可开始计算，计算时间受文件大小影响较大。

B 模型显示区

模型计算完成后会在模型显示区显示最终模型，如图 9.21 所示。

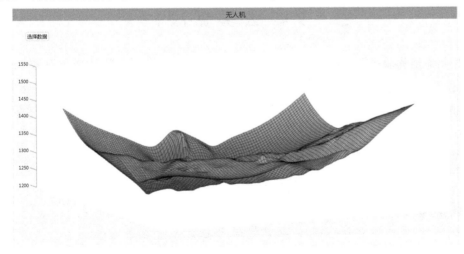

图 9.21 模型显示

9.3.4.5　去雾

该系统主要包括按钮和模型显示区域，下面对各对象进行介绍。

点击"浏览"按钮，弹出文件选择框，选择图片格式为".jpg"文件，点击"读取"按钮，图片显示在左侧区域，滑动"灵敏度调整"对图片进行图像处理，结果显示在右侧区域，如图 9.22 所示。

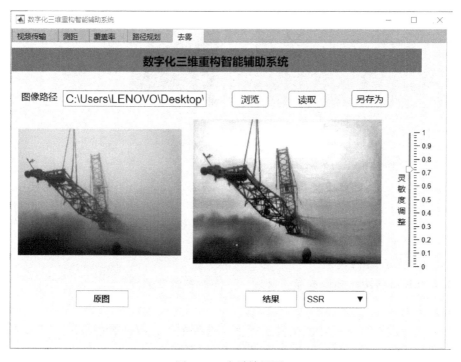

图 9.22　去雾效果图

9.4　去雾算法

采用暗通道先验去雾算法中模糊图像（有雾图像），模型被描述成为观察到的图像 $I(x)$ 为有雾的图像；$J(x)$ 为要恢复的图像，即去雾之后的图像；A 为全局大气光强；t 为媒介传播系数。这个算法的目的就是从 I、A、t 中得到 J。目前只知道 $I(x)$，需要求出 A 和 t，在求 A 和 t 之前需引入暗通道先验：

一个图像的暗通道可以表示为：

$$J^{\text{dark}}(x) = \min_{y \in \Omega(x)} \left(\min_{c \in |r, g, b|} J^c(y) \right)$$

无雾的图像，即要恢复的图像的暗通道数值趋于零：

$$J^{\text{dark}}(x) \rightarrow 0$$

因此把这个先验条件代入模糊图像模型为：

$$I(x) = J(x)t(x) + A(1 - t(x))$$

得到：

$$\frac{I^c(x)}{A^c} = t(x)\frac{J^c(x)}{A^c} + 1 - t(x)$$

$$\min_{y \in \Omega(x)}\left(\min_c \frac{I^c(x)}{A^c}\right) = \tilde{t}(x)\min_{y \in \Omega(x)}\left(\min_c \frac{J^c(x)}{A^c}\right) + 1 - \tilde{t}(x) \rightarrow \tilde{t}(x)$$

$$= 1 - \min_{y \in \Omega(x)}\left(\min_c \frac{I^c(x)}{A^c}\right)$$

由此得到了 t，由于在视觉上看起来是不自然的，因此修正公式得出：

$$\tilde{t}(x) = 1 - \omega \min_{y \in \Omega(x)}\left(\min_c \frac{I^c(x)}{A^c}\right)$$

式中，$\omega = 0.95$，最终在把 t 代入模型可以得到：

$$J(x) = \frac{I(x) - A}{\max(t(x), t_0)} + A$$

图像去雾代码扫描本章二维码查看，运行结果如图 9.23 所示。

图 9.23　图像去雾前后对比

9.5　植被覆盖率算法

植被覆盖率通常是指森林面积占土地总面积之比，一般用百分数表示。但国家规定在计算森林覆盖率时，森林面积还包括灌木林面积、农田林网树占地面积及四旁树木的覆盖面积。森林覆盖率是反映森林资源和绿化水平的重要指标。中国森林覆盖率系指郁闭度0.3 以上的乔木林、竹林、国家特别规定的 灌木林地、经济林地的面积及农田林网和村旁、宅旁、水旁、路旁林木的覆盖面积的总和占土地面积的百分比。

植被覆盖率代码扫描本章二维码查看，覆盖率识别效果如图 9.24 所示。

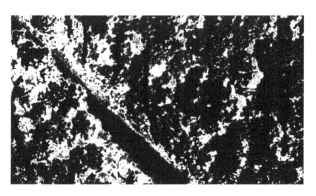

图 9.24   覆盖率识别结果

9.6   植被分类算法

植被分类是将植物群落的一切特征（如外貌结构特征、植物种类组成、植被动态特征、生境特征等）作为分类的依据进行分类。植被分类是植被科学研究的基础。

用不同的色域代表不同的植被类别，根据图 9.25 的图像将植被区域主要划分为青色、灰色、红色区域（见图 9.26），各区域代码扫描本章二维码查看。

图 9.25   植被种类识别图像

图 9.26   分类后图像

9.7 邻 近 算 法

邻近算法或者说 K 最近邻（K-nearest neighbor，KNN）分类算法是数据挖掘分类技术中最简单的方法之一。所谓 K 最近邻，就是 K 个最近的邻居的意思，说的是每个样本都可以用它最接近的 K 个邻居来代表。

KNN 算法就是在训练集中数据和标签已知的情况下，输入测试数据，将测试数据的特征与训练集中对应的特征进行相互比较，找到训练集中与之最为相似的前 K 个数据，则该测试数据对应的类别就是 K 个数据中出现次数最多的那个分类，其算法具体描述为：

（1）计算测试数据与各个训练数据之间的距离；

（2）按照距离的递增关系进行排序；

（3）选取距离最小的 K 个点；

（4）确定前 K 个点所在类别的出现频率；

（5）返回前 K 个点中出现频率最高的类别作为测试数据的预测分类。

邻近算法的详细代码扫描本章二维码查看。

复习思考题

9.1 怎么利用 Matlab 的串口通信设计提高数据处理的效率？

9.2 调整图 9.27 的灰度和亮度。

图 9.27 风机

9.3 尝试用去雾算法去除图 9.28 图像中的雾，使图像清晰。

图 9.28 去雾图

10 Matlab 在有色金属识别中的应用

扫描二维码
查看本章代码

10.1 计算机图像处理在有色金属成分鉴定方面的相关技术

计算机图像处理在有色金属上的鉴定包括二值图像和灰度图像的应用。在此过程中，将彩色图片的 R、G、B 通道合并为一个单一通道以生成灰度图。灰度图是指每个像素的亮度等级介于白色和黑色之间，亮度等级为 255 表示黑色，0~255 之间的数值代表从白色到黑色的渐变。在现代应用中，重点是实现计算机对图像的自动识别，其中，最关键的元素之一是梯度。较大的左右梯度变化通常表示图像边缘，而边缘通常包含图像的关键信息。要实现边缘识别，必须首先生成图像的灰度版本。在这种版本中，整个图像只有两种亮度等级，呈现为完全的黑白效果。通常使用数字零代表黑色，数字 1 代表白色。为了提取所需的目标物体，通常使用二值化技术将背景保留为空白，即只保留感兴趣的内容。二值化的基本处理涉及一个阈值，如果像素值小于阈值，则设置为黑色，大于阈值则设置为白色，整个图像呈现为黑白两种颜色。阈值的选择非常关键，过大的阈值会导致信息过度保留，包括一些噪声；而过小的阈值会导致背景过度保留，无法提取到目标信息，或者导致目标信息模糊。

图像处理主要包括对比度增强、滤波处理、阈值分割、形态学处理、特征提取及分类训练。

10.1.1 对比度增强

由于照明条件等原因，使原始图像中金属表面与整个金属表面背景之间的灰度差异较小，灰度范围有限，因此对比度较低。这种情况不利于后续图像处理，因此需要采用一些方法来增强图像的对比度。常见的对比度增强方法包括对数变换、幂律变换、灰度级分层、灰度归一化、对比度拉伸、直方图均衡化和直方图规定化等。考虑到不同照片的背景光强度不同，恒定参数的方法（如对数变换、幂律变换、灰度级分层和对比度拉伸）并不适用于所有图像。因此，考虑采用灰度归一化和直方图均衡化。

10.1.1.1 灰度归一化

灰度归一化是为了确保一幅图像像素的灰度值分布在 0~255 之间，以避免图像对比度不足（即图像像素亮度分布不均匀）而干扰后续处理过程。

10.1.1.2 直方图均衡化

直方图均衡化是图像处理领域中用于调整对比的一种方法，它利用图像的直方图来实现。这种方法通常用于增强许多图像的局部对比度，特别是当图像中有用数据的对比度相当接近时，通过直方图均衡化，图像的亮度可以更均匀地分布在整个直方图上。这有助于增强局部对比度，而不会影响整体对比度。直方图均衡化通过有效扩展常见亮度值的范围来实现这一目标。

10.1.2　滤波处理

传统滤波算法（如均值滤波和高斯滤波）通常难以在特定应用领域获得令人满意的效果。对于特定应用领域，需要研究相关文献以了解适用的特殊滤波算法。通过文献调研发现，在纹理提取领域，Gabor 滤波器是常用的选择。Gabor 滤波器基于小波分析理论，通过对一个高斯函数与复指数函数的乘积进行尺度变换和旋转变换而获得。研究表明，Gabor 滤波器非常适合用于纹理的提取和分离。在空间域中，一个二维 Gabor 滤波器是一个由正弦平面波调制的高斯核函数，其复数表达式为：

$$g(x, y; \lambda, \theta, \psi, \sigma, \gamma) = \exp\left(-\frac{x'^2 + \gamma^2 y'^2}{2\sigma^2}\right) \exp\left[i\left(2\pi \frac{x'}{\lambda} + \psi\right)\right]$$

其滤波后的图像为：

$$S(x, y) = \sqrt{(g_R * I(x, y))^2 + (g_i * I(x, y))^2}$$

$$x' = x\cos\theta + y\sin\theta$$

$$y' = -x\sin\theta + y\cos\theta$$

式中，x，y 为像素坐标。

10.1.3　阈值分割

阈值化分割是一种传统且最为常用的图像分割方法，因其实现简便、计算量较小、性能相对稳定而成为图像分割领域中最基础和最广泛应用的技术之一。选择适当的阈值分割算法至关重要，常见的阈值分割方法包括全局阈值法、局部阈值法及多阈值分割法。

10.1.3.1　最大类间方差法

最大类间方差法是一种根据图像灰度特性将图像分割成背景和目标两个部分的方法。当背景和目标之间的类间方差越大时，表示图像的这两部分差异越大。如果部分目标被错误地归为背景，或者部分背景被错误地归为目标，都会导致两部分之间的差异减小。因此，最大类间方差分割方法意味着最小化错分概率。最大类间方差法的主要算法如下：

（1）将阈值从零开始一直逐次增大到 255（每次加 1），按阈值将图像分为背景（零）与前景（1），对于每个阈值，进行如下计算：

（2）计算背景和前景像素点各占总像素点的比例；

（3）计算背景和前景像素点的灰度均值；

（4）计算全部像素点的灰度均值；

（5）计算此时二值图的类间方差；

（6）选择使类间方差最大的阈值，该阈值即为所求最佳阈值：

$$\sigma^2 = w_1(u - u_1)^2 + w_0(u - u_0)^2$$

10.1.3.2　最大熵法

最大熵算法是另一种基于图像统计信息的全局阈值分割方法，其原理基于信息熵的统计原理。一个系统的不确定性越大，其信息熵也越大，因此，使用最大熵方法来确保图像的类间熵达到最大值，以保证二值图像中包含尽可能多的前景信息（即缺陷信息）。在这方面，考虑了 KSW 算法，其总体思路仍然是通过遍历阈值来实现：

（1）将阈值从零开始一直逐次增大到 255（每次加 1），按阈值将图像分为背景（零）与前景（1）；

（2）计算背景和前景中各灰度值在背景和前景中概率分布，其中为背景中的累计分布；

计算背景和前景的熵：

$$H_1(T) = -\sum_{i=0}^{T} \frac{p_i}{p_n} \ln \frac{p_i}{p_n}$$

$$H_2(T) = -\sum_{j=T+1}^{255} \frac{p_j}{l-p_n} \ln \frac{p_j}{1-p_n}$$

计算该二值图像的类间熵 $H = H_1 + H_2$。

选择使类间熵最大的阈值，该阈值即为所求最佳阈值。

10.1.3.3　Niblack 法

NiBlack 法是一种简单有效的局部动态阈值算法，这种算法的基本思想是对图像中的每一个点在它的邻域内，计算邻域里像素点的均值和方差，然后用下式阈值进行二值化：

$$T(x, y) = m(x, y) + k \times s(x, y)$$

该方法的优点是能够很好地针对单个像素进行处理，缺点是处理速度慢，而且没有考虑到边界问题，且需要预设调节参数。

10.1.4　形态学处理

形态学处理是一种用于图像处理和计算机视觉的技术，主要用于图像的形状和结构分析。这种处理方法可以帮助提取图像中的关键特征，如边缘、连通性、区域和对象的形状等，从而有助于图像分割、物体识别、图像增强等应用。形态学处理通常基于数学形态学的概念和操作。以下是一些常见的形态学处理操作：

（1）腐蚀。腐蚀操作用于缩小图像中的前景对象，可以用来去除噪声或分离粘连的对象。它通过将图像中的核或模板与图像进行卷积来实现，核的形状和大小可以根据需要调整。

（2）膨胀。膨胀操作与腐蚀相反，它用于扩大图像中的前景对象。膨胀也是通过与核或模板进行卷积来实现的。

（3）开运算。开运算是腐蚀和膨胀的组合操作，通常用于去除小的噪声点或断开连接的对象。首先进行腐蚀，然后进行膨胀。

（4）闭运算。闭运算也是腐蚀和膨胀的组合操作，通常用于填充对象内部的小空洞或连接接近的对象。首先进行膨胀，然后进行腐蚀。

（5）形态学梯度。形态学梯度是通过膨胀和腐蚀之间的差异来获得的，可以用来检测对象的边缘。

（6）顶帽和底帽。顶帽操作用于提取图像中的小亮区域，而底帽操作用于提取小暗区域。

这些形态学操作可以应用于二进制图像和灰度图像，具体的选择和参数设置取决于具体的应用需求。形态学处理在图像分析、图像过滤、特征提取、图像重建等领域都有广泛的应用，特别是在计算机视觉、医学图像处理和工业质检等领域中发挥了重要作用。

10.1.5 特征提取

特征提取算法通常用于获取图像的深层信息。LBP 算法具有较好的旋转不变性和灰度不变性，因此在抵抗环境干扰方面表现出色，适用范围广泛。传统的 LBP 算法使用正方形邻域，通过比较邻域像素的灰度值与中心像素的大小，若大于中心灰度，则将该邻域像素置为 1，若小于中心灰度，则将其置为零。然后，将这些邻域元素按顺时针顺序排列，构成一个二进制序列，再将该序列转化为十进制，这个十进制数即为该区域的特征。对整个图像进行相同操作，最终得到一个序列的数，即为该图像的 LBP 特征向量。然而，基本的 LBP 算子最大的缺陷在于它仅覆盖了一个固定半径内的小区域，这不能满足不同尺寸和频率纹理的需求，也无法实现灰度和旋转不变性。为了适应不同尺度的纹理特征，并满足灰度和旋转不变性的要求，改进的 LBP 算法使用可变半径的圆域代替方形区域。此外，还可以自定义圆域边缘上的点的数量，这些边缘点均匀分布在圆周上。图 10.1 展示了不同半径和边缘点数量的圆域示例。

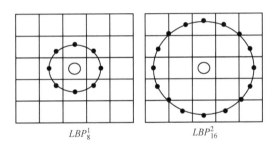

$$LBP_8^1 \qquad LBP_{16}^2$$

图 10.1　不同半径和边缘点数量的圆域示例

10.1.6 分类训练

将提取到的每一幅图像的特征即其标签放入分类器中进行训练，之后用新的图像输入测试其正确率用以验证其训练可靠性。一般支持向量机（SVM）有下面 3 种：

（1）硬间隔支持向量机（线性可分支持向量机）：当训练数据线性可分时，可通过硬间隔最大化学得一个线性可分支持向量机。

（2）软间隔支持向量机：当训练数据近似线性可分时，可通过软间隔最大化学得一个线性支持向量机。

（3）非线性支持向量机：当训练数据线性不可分时，可通过核方法及软间隔最大化学得一个非线性支持向量机。

支持向量机是在结构风险最小化理论与统计学习理论原则上提出的。支持向量机在有限样本的基础上，寻找函数复杂程度和分类性能的最佳平衡，以求最佳的分类性能，其主要优点有：

（1）支持向量机是针对有限样本统计设计的，在有限信息的情况下，具有很好的分类性能；

（2）支持向量机算法引入核函数，能有效解决非线性分类中的维度问题；

（3）支持向量机将分类问题转化为凸二次函数最值问题。

10.2　计算机图像处理在冶金中的运用

10.2.1　提取图片的 RGB 值

提取图片的 RGB 值代码扫描本章二维码查看，运行结果如图 10.2 所示。

	A	B	C	D	E	F
1	[23 19 16]	[24 20 17]	[24 20 17]	[25 21 18]	[25 21 18]	[26 22 19]
2	[20 16 13]	[21 17 14]	[23 19 16]	[25 21 18]	[26 22 19]	[27 23 20]
3	[18 14 11]	[20 16 13]	[23 19 16]	[25 21 18]	[27 23 20]	[28 24 21]
4	[20 16 13]	[21 17 14]	[24 20 17]	[27 23 20]	[28 24 21]	[28 24 21]
5	[25 21 18]	[25 21 18]	[27 23 20]	[28 24 21]	[28 24 21]	[27 23 20]
6	[29 25 22]	[29 25 22]	[29 25 22]	[28 24 21]	[28 24 21]	[28 24 21]
7	[32 28 25]	[31 27 24]	[29 25 22]	[28 24 21]	[28 24 21]	[30 26 23]
8	[32 28 25]	[31 27 24]	[28 24 21]	[27 23 20]	[28 24 21]	[31 27 24]
9	[26 22 19]	[26 22 19]	[25 21 18]	[26 22 19]	[27 23 20]	[28 24 21]
10	[27 23 20]	[27 23 20]	[27 23 20]	[27 23 20]	[28 24 21]	[29 25 22]
11	[28 24 21]	[28 24 21]	[28 24 21]	[28 24 21]	[29 25 22]	[30 26 23]

图 10.2　图片的部分 RGB 值

10.2.2　图像分割

图像分割在图像处理中是一个基础且关键的阶段。传统的图像分割技术包括阈值分割法、边缘检测法和区域分割法这三种常见方法。下面以铜样品的断面图像进行图像分割操作示例。

图像分割是指将一幅图像分成具有特定特性的不同区域的图像处理技术。这些区域的提取使得进一步特征提取成为可能，因此它是从图像处理到图像分析的关键步骤。由于其重要性，图像分割一直是图像处理领域的研究重点。在这些方法中，阈值分割是一种根据图像灰度值的分布特性来确定阈值，以进行图像分割的方法之一。设原灰度图像为 $f(x, y)$，通过某种准则选择一个灰度值 T 作为阈值，比较各像素值与 T 的大小关系：像素值大于等于 T 的像素为一类，变更像素值为 1；像素值小于 T 的像素点为另一类，变更其像素值为零，公式如下：

$$g(x, y) = \begin{cases} 1, & \text{当} f(x, y) \geq T \\ 0, & \text{当} f(x, y) < T \end{cases}$$

首先需要确定图像的阈值，阈值直方图的代码如下，运行结果如图 10.3 所示。

```
>> I = imread('try. jpg');
subplot(121), imshow(I);
subplot(122), imhist(I, 200); %直方图显示
```

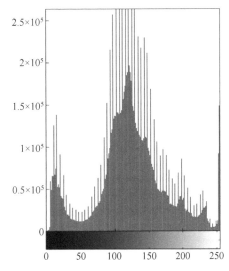

图 10.3 获取到的阈值直方图

10.2.2.1 阈值分割

阈值分割包括 Otsu 阈值分割和迭代式阈值分割方法。

A Otsu 阈值分割

Otsu 阈值分割的代码如下, 运行结果如图 10.4 所示。

```
I = imread('try. jpg');
I = im2double(I);
T = graythresh(I); %获取阈值
J = im2bw(I, T); %图像分割
subplot(121), imshow(I);
subplot(122), imshow(J);
```

图 10.4 Otsu 阈值分割

B   迭代式阈值分割

迭代式阈值分割的代码如下，运行结果如图 10.5 所示。

```
I = imread('try. jpg');
I = im2double(I);
T0 = 0.01; %精度
% T1 = graythresh(I)%用 Otsu 求阈值
T1 = min(I(:)) + max(I(:))/ 2; %初始估计阈值
r1 = find(I > T1); %找出比阈值大的像素
r2 = find(I <= T1); %找出比阈值小的像素
T2 = (mean(I(r1)) + mean(I(r2)))/ 2; %各个像素加和求平均
while abs(T2 - T1) < T0 %
    T1 = T2;
    r1 = find(I > T1);
    r2 = find(I <= T1);
    T2 = (mean(I(r1)) + mean(I(r2)))/ 2;
end

J = im2bw(I, T2);
subplot(121), imshow(I);
subplot(122), imshow(J);
```

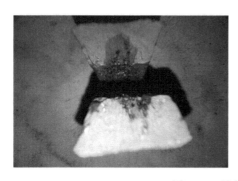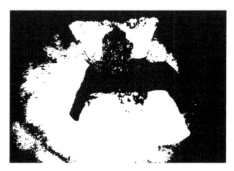

图 10.5   迭代式阈值分割

10.2.2.2   边缘检测法

边界跟踪是指根据某些严格的"探测准则"找出目标物体轮廓上的像素，即确定边界的起始搜索点。在根据一定的"跟踪准则"找出目标物体上的其他像素，直到符合跟踪终止条件。边界描述是指用相关方法和数据来表示区域边界。边界描述中既含有几何信息，也含有丰富的形状信息，是一种很常见的图像目标描述方法。傅里叶描绘子的方法主要利用 DFT 描绘子重建区域边界曲线。由于傅里叶的高频分量对应于一些细节部分，而低频分量则对应基本形状，因此，重建时可以只使用复序列的前 M 中各较大系数其余置零。

利用 Sobel 算子进行边缘检测的代码如下，运行结果如图 10.6 所示。

```
I = imread('try. jpg');%RGB 彩色图
% imshow(I);
I = rgb2gray(I);
[J, thresh] = edge(I, 'sobel', [ ], 'horizontal');
figure;
subplot(121);imshow(I);
subplot(122);imshow(J);
```

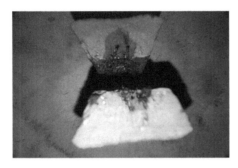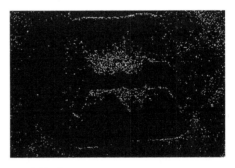

图 10.6　Sobel 边缘检测

10.2.2.3　区域分割法

分水岭算法属于区域分割法的一种，具有原理直观、算法效率高、检测边缘线连续封闭、能响应微弱边缘等优点。

数学形态学中的开闭重建滤波器广泛地应用于分水岭分割的预处理阶段，开闭运算能滤除噪声和复杂细小的纹理，重建过程能恢复目标大的轮廓，简化图像的同时保留了图像主要的轮廓信息。单一尺度的形态滤波器滤波性能取决于结构元素大小的选取，而多尺度的形态滤波器不受这种限制，能有效消除噪声、模糊纹理且不损失边缘。

数学形态学首先处理二值图像。数学形态学将二值图像看成是集合，并用结构元素来探索，结构元素是一个可以在图像上平移且尺寸比图像小的集合。基本的数学形态学运算是将结构元素在图像范围内平移，同时施加交、并等基本的集合运算。

开操作就是先被腐蚀，再被膨胀，可以把比结构元素小的突刺滤掉，切断细长搭接而起到分离作用。关操作就是先被膨胀，再被腐蚀，可以把比结构元素小的缺口或孔填充上，搭接短的间断而起到连接的作用。两种运算都可以除去比结构元素小的特定的图像细节，同时保证不产生全局的几何失真。将开操作和闭操作结合起来可构成形态学噪声滤除器，能够把目标区域内外比结构元素小的噪声都去除掉。

重建属于形态学图像变换集的一部分。在二值图像中，二值图像 1 包含二值图像 2，重建只是简单的从被 2 标识过的图像 1 中提取连通域的过程。这个变换可以扩展到灰度领域，对于一些图像分析来说，这是非常有用的。数学形态学重建可以用于二值滤波、提取区域最大值和亮项，应用重建还可以将二值图像中部分重叠在一起的目标分割开。

运用分水岭算法进行区域分割的代码扫描本章二维码查看，运行结果如图 10.7 所示。

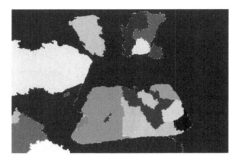

图 10.7   分水岭算法区域分割

10.2.3   铝钛钒颗粒识别

在提取了铝钛钒颗粒的图像特征，包括 GLCM 和 HOG 特征后，使用 SVM 进行分类训练，以实现对这些颗粒的自动识别。

GLCM（Gray-Level Co-occurrence Matrix）是一种常用的方法，用于描述纹理，因为纹理是由灰度在空间位置上的重复分布形成的。在图像中，存在一定的灰度关系，这是因为相距一定距离的像素之间具有一定的灰度关联性。灰度共生矩阵是通过分析灰度空间的相关特性来描述纹理的方法之一。与灰度直方图不同，灰度共生矩阵考虑了保持一定距离的两个像素分别具有某个灰度的情况。图像的灰度共生矩阵可以综合反映出图像中灰度在不同方向、相邻间隔和变化幅度方面的信息。因此，它提供了分析图像局部模式和排列规则的基础。

HOG（Histogram of Oriented Gradients）特征是一种用于物体检测的特征描述子，在计算机视觉和图像处理领域得到了广泛应用。它通过计算和统计图像局部区域的梯度方向直方图来构建特征。HOG 特征结合 SVM 分类器已广泛用于图像识别任务中。

提取铝钛钒颗粒的代码扫描本章二维码查看，运行结果如图 10.8 所示。

(a)   (b)   (c)

图 10.8   运行结果

（a）分类结果 lvf；（b）分类结果 lvv；（c）分类结果 tai

10.3   流动混合非线性强化算法

非线性优化算法主要有梯度类算法和牛顿法两大类，最速梯度下降法和牛顿法的函数定义如下。

10.3.1　最速梯度下降法

将目标函数在 X 附近进行泰勒展开：

$$\| f(\boldsymbol{x} + \Delta\boldsymbol{x}) \|_2^2 \approx \| f(\boldsymbol{x}) \|_2^2 + \boldsymbol{J}(\boldsymbol{x})\Delta\boldsymbol{x} + \frac{1}{2}\Delta\boldsymbol{x}^{\mathrm{T}}\boldsymbol{H}\Delta\boldsymbol{x}$$

保留一阶导数，其增量的解就是：

$$\Delta\boldsymbol{x}^* = -\boldsymbol{J}^{\mathrm{T}}(\boldsymbol{x})$$

最速梯度下降法的直观意义非常简单，只要找到梯度然后沿着反向梯度方向前进即可。当然，还需要该方向上取一个步长 λ，求得最快的下降方式。这种方法被称为最速梯度下降法或是一阶梯度法。

$$x_{k+1} = x_k - \lambda\boldsymbol{J}^{\mathrm{T}}(\boldsymbol{x}_k)$$

10.3.2　牛顿法

如果保留二阶梯度信息，那么增量方程为：

$$\Delta\boldsymbol{x}^* = \arg\min \| f(\boldsymbol{x}) \|_2^2 + \boldsymbol{J}(\boldsymbol{x})\Delta\boldsymbol{x} + \frac{1}{2}\Delta\boldsymbol{x}^{\mathrm{T}}\boldsymbol{H}\Delta\boldsymbol{x}$$

对 Δx 求导数并令它等于零，则：

$$\boldsymbol{J}^T + \boldsymbol{H}\Delta\boldsymbol{x} = 0$$

其增量的解为：

$$\boldsymbol{H}\Delta\boldsymbol{x} = -\boldsymbol{J}^{\mathrm{T}}$$

这种方法称为牛顿法或二阶梯度法，它的迭代公式可以表示为：

$$x_{k+1} = x_k - \boldsymbol{H}^{-1}\boldsymbol{J}^{\mathrm{T}}$$

这两种方法只要把函数在迭代点附近进行泰勒展开，并针对更新量作最小化即可。由于泰勒展开之后函数变成了多项式，因此求解增量时只需解线性方程即可，避免了直接求导函数为零这样的非线性方程的困难。这两种方法也存在它们自身的问题。最速梯度下降法的缺点是容易走出锯齿路线，反而增加了迭代次数，而牛顿法则需要计算目标函数的 $\boldsymbol{H}$ 矩阵，这在问题规模较大时非常困难，我们通常倾向于避免 $\boldsymbol{H}$ 的计算。

高斯牛顿法的思想是将 $f(x)$ 进行一阶的泰勒展开：

$$f(\boldsymbol{x} + \Delta\boldsymbol{x}) \approx f(\boldsymbol{x}) + \boldsymbol{J}(\boldsymbol{x})\Delta\boldsymbol{x}$$

这里 $\boldsymbol{J}(\boldsymbol{x})$ 为 $f(x)$ 关于 x 的导数，实际上是一个 $m \times n$ 的矩阵，也是一个雅可比矩阵。根据前面的框架，当前的目标是为了寻找下降矢量 $\Delta\boldsymbol{x}$，使得 $\| f(\boldsymbol{x} + \Delta\boldsymbol{x}) \|^2$ 达到最小。为了求 $\Delta\boldsymbol{x}$，构建一个线性的最小二乘问题：

$$\Delta\boldsymbol{x}^* = \arg\min_{\Delta\boldsymbol{x}} \frac{1}{2}\| f(\boldsymbol{x}) + \boldsymbol{J}(\boldsymbol{x})\Delta\boldsymbol{x} \|^2$$

根据极值条件，将上述目标函数对 $\Delta\boldsymbol{x}$ 求导，并令导数为零。由于这里考虑的是 $\Delta\boldsymbol{x}$ 的导数（而不是 x），最后将得到一个线性的方程。因此，先展开目标函数的平方项：

$$\frac{1}{2}\| f(\boldsymbol{x}) + \boldsymbol{J}(\boldsymbol{x})\Delta\boldsymbol{x} \|^2 = \frac{1}{2}(f(\boldsymbol{x}) + \boldsymbol{J}(\boldsymbol{x})\Delta\boldsymbol{x})^{\mathrm{T}}(f(\boldsymbol{x}) + \boldsymbol{J}(\boldsymbol{x})\Delta\boldsymbol{x})$$

$$= \frac{1}{2}(\| f(\boldsymbol{x}) \|_2^2 + 2f(\boldsymbol{x})^{\mathrm{T}}\boldsymbol{J}(\boldsymbol{x})\Delta\boldsymbol{x} + \Delta\boldsymbol{x}^{\mathrm{T}}\boldsymbol{J}(\boldsymbol{x})^{\mathrm{T}}\boldsymbol{J}(\boldsymbol{x})\Delta\boldsymbol{x})$$

求上式关于 Δx 的导数，并令其为零：

$$2J(x)^{\mathrm{T}}f(x) + 2J(x)^{\mathrm{T}}J(x)\Delta x = 0$$

$$J(x)^{\mathrm{T}}J(x)\Delta x = -J(x)^{\mathrm{T}}f(x)$$

需要求解的变量是 Δx，这是一个线性方程组，称它为增量方程或高斯牛顿方程或者正规方程。把左边的系数定义为 H，右边定义为 g，那么上式变为：

$$H\Delta x = g$$

$$H = J^{\mathrm{T}}J$$

对比牛顿法可见，高斯牛顿法用 J 矩阵的转置乘以 J 矩阵作为牛顿法中二阶 H 矩阵的近似，从而省略了计算 H 的过程。求解增量方程是整个优化问题的核心所在。原则上，它要求近似的矩阵 H 是可逆的（而且是正定的），而实际计算中得到的 $J^{\mathrm{T}}J$ 却是半正定的。也就是使用高斯牛顿法会出现 $J^{\mathrm{T}}J$ 为奇异或者病态情况，此时增量的稳定性较差，导致算法不收敛。即使 H 非奇异也非病态，如果求得的 Δx 非常大，也会导致我们采用的局部近似不够正确，这样一来可能不能保证收敛，哪怕是还有可能让目标函数更大。即使高斯牛顿法具有它的缺点，但是很多非线性优化可以看作是高斯牛顿法的一个变种，这些算法结合了高斯牛顿法的优点并修正其缺点。例如 LM 算法，尽管它的收敛速度可能比高斯牛顿法更慢，但是该方法健壮性更强，也被称为阻尼牛顿法。

10.4　元素熔配混沌均化算法

混沌是指现实世界中一种表现为看似无规律的复杂运动模式。其共同特征是原本服从简单的物理规律的有序运动，在特定条件下会突然偏离预期的规律性，进而呈现出无序的特征。混沌现象可以在多种确定性动力学系统中观察到，其统计特性类似于随机过程，但实际上混沌运动与随机过程存在本质差异，因为混沌运动是由内在的确定性物理规律引发的，因此也被称为确定性混沌；而随机过程则是由外部噪声引发的。混沌的特性如下。

（1）内在随机性。混沌是一种特殊的动态状态，与通常的确定性运动状态（静止、周期运动和准周期运动）不同。它表现为在有限区域内的复杂运动，其轨迹永不重复。首先，混沌具有内在性，其复杂性是系统内部特性的产物，而非外部干扰的结果，体现了系统内在的随机性。其次，混沌虽然看似随机，但实际上具有确定性。混沌系统是确定性的，是真实的物理系统。混沌和混沌理论的表现虽然呈现出类似随机的特征，但每一时刻的状态都受前一状态的影响，是确定性的，不像随机系统那样随机生成。混沌系统的状态是可完全重现的，与随机系统不同。最后，混沌系统的行为具有复杂性，呈现出看似随机的特性，不是周期运动或准周期运动，具有自相关性和低频宽带特性。

（2）长期不可预测性。由于初始条件仅具有有限的精度，微小的初始差异可能会在未来演化中产生巨大的影响，因此混沌系统的长期演化行为是不可预测的。

（3）对初始条件的敏感依赖性。随着时间推移，初始条件的微小差异将导致独立的时间演化，表现出对初始条件的极度敏感依赖性。

（4）普适性。混沌系统趋于混沌时，其特性具有普适性，不受具体系统和系统运动方程的差异影响。

（5）分形性。分形是指混沌运动在相空间中的行为特征，与一般的确定性运动不同，混沌系统的轨迹在有限区域内进行无限次折叠。分形性描述了混沌运动状态具有多层次、自相似结构，其叶层分布越来越精细，呈现出无限层次的特性。

（6）遍历性。混沌的"定常状态"不同于通常的确定性运动状态，如静止、周期运动或准周期运动。混沌运动是一种持续限制于有限区域且轨迹永不重复的复杂运动，因此，随着时间的推移，混沌运动将遍历空间中的每一点，而不会停留在某一状态。

Lorenz 方程混沌运动形态的 Matlab 仿真代码扫描本章二维码查看。

复习思考题

10.1 图像预处理的主要目的是什么？

10.2 计算灰度共生矩阵特征值需要用到哪些常用的特征？

10.3 简述 HOG 特征提取流程。

10.4 简述支持向量机（SVM）的优缺点。

10.5 尝试用 Matlab 编写程序，程序应该从输入图像中识别圆形、矩形和正方形等对象。

11 Matlab 遗传算法实例

11.1 遗传算法在旅行商问题中的应用

11.1.1 旅行商问题

假设有一位旅行商人要拜访全国 31 个省会城市，他需要选择所要走的路径，路径的限制是每个城市只能拜访一次，而且最后要回到原来出发的城市。对路径选择的要求是：所选路径的路程为所有路径之中的最小值。

11.1.2 运算流程

该旅行问题的运算流程如图 11.1 所示。

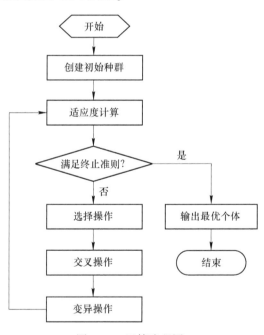

图 11.1 运算流程图

11.1.3 仿真过程

仿真过程如下：

（1）初始化种群数目为 $NP=200$，染色体基因维数为 $N=31$，最大进化代数为 $G=2000$；

（2）产生初始种群，计算个体适应度值，即路径长度；采用基于概率的方式选择进行操作的个体，对选中的成对个体随机交叉所选中的成对城市坐标，以确保交叉后路径每个城市只到访一次；对选中的单个个体随机交换其一对城市坐标作为变异操作，产生新的种群进行下一次遗传操作；

（3）判断是否满足终止条件，若满足，则结束搜索过程，输出优化值；若不满足，则继续进行迭代优化。

11.1.4　代码展示

遗传算法在旅行商问题应用的代码扫描本章二维码查看，优化后的路径及其适应度进化曲线如图 11.2 和图 11.3 所示。

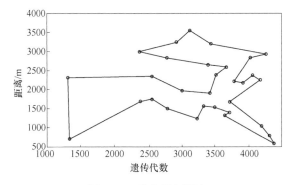

图 11.2　优化最短距离

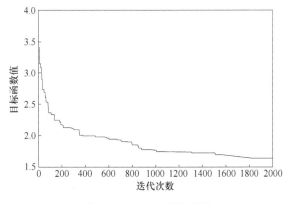

图 11.3　适应度进化曲线

11.2　遗传算法在电动汽车充放电优化中的应用

为了减小电动汽车规模化充电给配电网安全稳定运行带来的不利影响，提出一种基于遗传算法的电动汽车有序充电策略。考虑用户出行规律及保证配电网的安全稳定运行，以降低负荷曲线峰谷差与充电成本最小为目标，建立峰值不超过变压器容量和电池电量充满为约束的优化模型。

11.2.1　仿真过程

将统计数据先进行归一化处理，再用极大似然估计的方法将电动汽车行驶里程及最后一次出行返回时刻分别近似为对数正态分布和正态分布。电动汽车用户每日返程时间近似满足对数正态分布，概率密度函数为：

$$
f_s(x_s) = \begin{cases}
\dfrac{1}{\sqrt{2\pi}\,\sigma_s}\exp\left[-\dfrac{(x_s + 24 - \mu_s)^2}{2\sigma_s^2}\right] & \text{当 } 0 \leqslant x_s < \mu_s - 12 \\[3mm]
\dfrac{1}{\sqrt{2\pi}\,\sigma_s}\exp\left[-\dfrac{(x_s - \mu_s)^2}{2\sigma_s^2}\right] & \text{当 } \mu_s - 12 \leqslant x_s < 24
\end{cases}
$$

式中，x_s 为用户最后返回时间；μ_s 为期望值，取 17.47。

用户日出行时间概率密度函数为：

$$
f_e(x_e) = \begin{cases}
\dfrac{1}{\sqrt{2\pi}\,\sigma_e}\exp\left[-\dfrac{(x_e - \mu_e)^2}{2\sigma_e^2}\right] & \text{当 } 0 \leqslant x_e < \mu_e + 12 \\[3mm]
\dfrac{1}{\sqrt{2\pi}\,\sigma_e}\exp\left[-\dfrac{(x_e - 24 - \mu_e)^2}{2\sigma_e^2}\right] & \text{当 } \mu_e + 12 \leqslant x_e < 24
\end{cases}
$$

式中，x_e 为用户最后出行时间；μ_e 为期望值，取 8.92；σ_e 为标准差，取 3.24。

集聚充电时负荷曲线会表现出峰值和谷底，负荷相差较大就会影响电网平衡而且造成资源利用不合理。以负荷峰谷差率最小建立目标函数：

$$
\min F_1 = r_r = \frac{P_{smax} - P_{smin}}{P_{smax}} \times 100\%
$$

式中，r_r 为负荷风骨差率；P_{smax} 为最大负荷；P_{smin} 为最小负荷。

11.2.2　代码及结果展示

遗传算法在电动汽车充放电优化应用的代码扫描本章二维码查看，结果如图 11.4～图 11.6 所示。

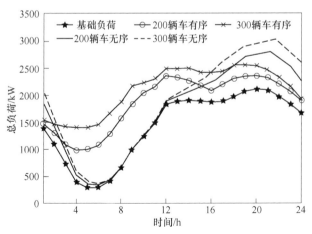

图 11.4　充电总负荷曲线

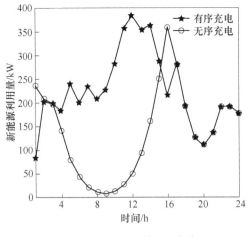

图 11.5 新能源利用量曲线

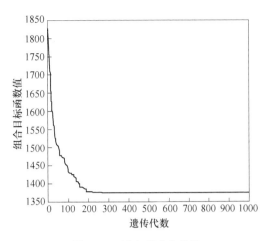

图 11.6 适应度进化曲线

11.3 遗传算法在车间作业调度中的应用

车间作业调度问题是一个著名的 NP 难题，具有很强的条件约束，当问题规模较大时很难找到全局最优解。因此作业车间调度是一类求解困难的组合优化问题。近几年各种智能计算方法逐渐被引入作业调度问题中，如遗传算法、模拟退火算法、启发式算法等。

11.3.1 车间调度问题描述

调度问题通常指对生产过程的作业计划，譬如工件在机器上的加工顺序、生产批量的划分等。就生产方式而言，调度问题可分为开环车间型和闭环车间型。开环调度问题也称加工排序问题，它本质上只研究工件的加工顺序，即订单所要求的产品在所有机器上的加工排序，其中订单均来源于顾客，不考虑库存的设立。闭环调度问题除研究工件的加工顺序外，还涉及各产品批量大小的设置，即在满足生产工艺约束条件下寻找一个调度策略，使得所确定的生产批量和相应加工顺序下的生产性能指标最优，其中顾客需求的产品均有库存提供，生产任务一般只由产品存储策略来决定。

显然，闭环调度问题较开环调度问题要复杂。鉴于批量大小与排序间的偶合性，寻求批量大小和排序的有效同时处理方案很困难，目前处理闭环问题的常用近似方法是首先确定量大小，然后确定加工顺序。

一般车间调度问题可以描述为 n 个工件在 m 台机器上加工，一个工件分为 k 道工序，每道可以在若干台机器上加工。每一台机器在每个时间只能加工某个工件的某道工序，只能在上一道工序加工完成才能开始下一道工序的加工，前者称为占用约束，后者称为顺序约束。

11.3.2 遗传算法运行参数设计

11.3.2.1 种群大小

群体大小 M 表示群体中所含个体的数量。当 M 取值较小时，可提高遗传算法的运行速度，但降低了群体的多样性，有可能会引起遗传算法的早熟现象；当 M 取值较大时，又会使得遗传算法的运行效率降低。经过参考文献，该应用案例种群大小 M 取值范围为 $20\sim100$。

11.3.2.2 交叉概率

交叉概率 P_c 用于控制交叉操作的频度，较大的交叉概率可增强遗传算法开辟新的搜索区域的能力，但群体中优良模式的个体会遭到破坏；若交叉概率取值太小，交叉产生新个体的速度较慢，从而会使搜索停滞不前。经过参考文献，该应用案例的交叉概率 P_c 取值范围为 $0.4\sim0.99$。

11.3.2.3 变异概率

变异概率 P_m 直接影响算法的收敛性和最终解的性能。若变异概率取值较大，会使得算法不断地搜索新的解空间，增加模式的多样性，但较大的变异概率会影响算法的收敛性；若取值太小，则变异操作产生新个体的能力和抑制早熟现象的能力就会很差。经过参考文献，该应用案例中变异概率 P_m 的取值范围为 $0.0001\sim0.1$。

11.3.2.4 算法的终止条件

给定一个最大的遗传进化代数，当达到此值时，就停止运行，并将当前群体中的最佳个体作为所求问题的最优解输出。经过参考文献，该应用案例的取值为 $100\sim1000$。

11.4 代码及结果展示

该应用案例的详细代码扫描本章二维码查看，运行结果如图 11.7~图 11.9 所示。

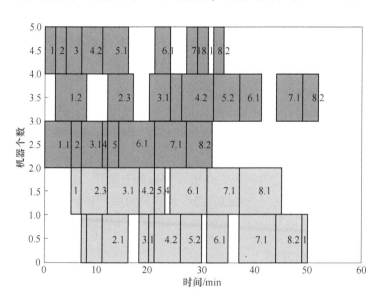

图 11.7 工件调度甘特图

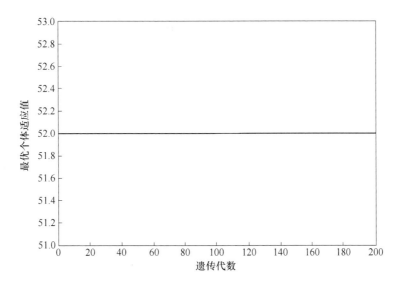

图 11.8　各代最优个体适应值记录

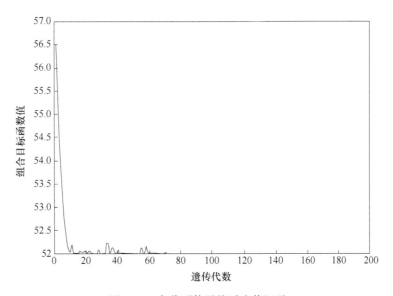

图 11.9　各代群体平均适应值记录

复习思考题

11.1　在遗传算法程序设计中，变异概率越高越容易得到最优解吗？

11.2　理论运算代数越多似乎越可能得到最优解，那在实际上是否运算代数越多越好，为什么？

11.3　修改本章旅行商问题实例代码的种群数量、变异概率和运算代数，观察并总结参数修改对运算结果的影响。

12 基于蚁群算法的二维路径
规划算法案例

12.1 路径规划算法

路径规划算法是指在有障碍物的工作环境中寻找一条从起点到终点，无碰撞地绕过所有障碍物的运动路径。路径规划算法大体可以分为全局路径规划算法和局部路径规划算法。其中，全局路径规划方法包括位形空间法、广义锥方法、顶点图像法、栅格法；局部路径规划算法主要有人工势场法等。

12.2 蚁 群 算 法

蚁群算法是 M. Dorigo 等人在 20 世纪 90 年代提出的一种新型进化算法，它来源于蚂蚁探索问题的研究。人们在观察蚂蚁搜索食物时发现，蚂蚁在搜索食物时，总在走过的路径上释放一种称为信息素的分泌物，信息素能够保留一段时间，会使得一定范围内的其他蚂蚁能够察觉到该信息素的存在。后续蚂蚁在选择路径时，会选择信息素浓度较高的路径，并在经过时留下自己的信息素，这样该路径的信息素会不断增强，蚂蚁的选择概率也在不断增大。蚁群算法最优路径寻找如图 12.1 所示。

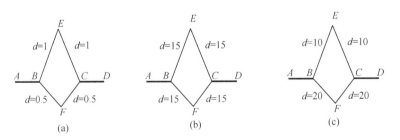

图 12.1 蚁群算法最优路径

图 12.1 表达了蚂蚁在觅食过程中的 3 个过程，其中点 A 是蚂蚁蚁巢，点 D 是食物所在地，四边形 EBFCE 表示在蚁巢和食物之间的障碍物。蚂蚁如果想从蚁巢点 A 到达点 D，只能经过路径 BFC 或者路径 BEC，假定从蚁巢中出来若干只蚂蚁去食物所在地点 D 搬运食物，每只蚂蚁经过后留下的信息素为 1，信息素保留的时间为 1。初始路径 BFC 和 BEC 上都没有信息素，在点 A 的蚂蚁可以随机选择路径，蚂蚁以相同的概率选择路径 BFC 或 BEC，如图 12.1（b）所示。由于 BFC 路径长度只是 BEC 路径长度的一半，因此在一段时间内经过 BFC 到达点 D 的蚂蚁数量是经过 BEC 到达点 D 的两倍，在路径 BFC 上积累的信息素的浓度就是在路径 BEC 上积累的信息素浓度的两倍。这样蚂蚁在选择路径的时候，选择路径 BFC

的概率大于选择路径 *BEC* 的概率，随着时间的推移，蚂蚁将以越来越大的概率选择路径 *BFC*，最终会完全选择路径 *BFC* 作为从蚁巢出发到食物源的路径，如图 12.1 (c) 所示。

12.3　dijkstra 算法

dijkstra 算法是典型的单源路径最短算法，用于计算非负权值中的一个节点到其他所有节点的最短路径，其基本思想就是把带权图中的所有节点分为两组，第一组包括已确定最短路径的节点，第二组包括未确定最短路径的节点。按最短路径长度递增的顺序逐个把第二组的节点加入第一组中，直到从远点出发可到达的所有节点都在第一组中。

Dijkstra 算法流程如下。

（1）初始化存放未确定最短路径的节点集合 V 和已确定最短路径的节点集合 S，利用带权图的邻阵矩阵 arcs 初始化源点到其他节点最短路径长度 D，如果源点到其他节点有连接弧，对应的值为连接弧的权值，否则对应的值取为极大值；

（2）选择 D 中的最小值 $D[i]$，$D[i]$ 是源点到 i 的最短路径长度，把点 i 从集合 V 中取出并放入集合 S 中；

（3）根据节点 i 修改更新数组 D 中源点到集合 V 中的节点 k 对应的路径长度值；

（4）重复步骤（2）与步骤（3）的操作，直至找出源点到所有节点的最短路径为止。

12.4　案 例 背 景

利用蚁群算法在 200×200 的二维空间中寻找一条从起点 S 到终点 T 的最优路径，该二维空间中存在四个障碍物，障碍物 1 的 4 个顶点坐标分别为（40，140）、（60，160）、（100，140）、（60，120），障碍物 2 的 4 个顶点坐标分别为（50，30）、（30，40）、（80，80）、（100，40），障碍物 3 的 4 个顶点坐标分别为（120，160）、（140，100）、（180，170）、（165，180），障碍物 4 的 3 个顶点分别为（120，40）、（170，40）、（140，80）。其中起点坐标为（20，180），终点坐标为（160，90）。

利用 MAKLINK 图论理论建立二维路径规划的空间模型，通过生成大量的 MAKLINK 线规划二维路径规划可行性空间，生成 MAKLINK 图如图 12.2 所示。

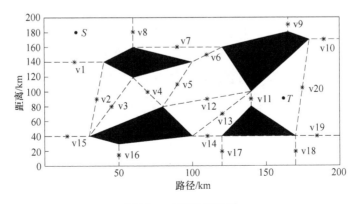

图 12.2　MAKLINK 图

12.5　算 法 流 程

算法流程如图 12.3 所示。其中空间模型建立利用 MAKLINK 图论算法建立路径规划的二维空间，初始路径规划利用 dijkstra 算法规划从起点到终点的初始路径，初始化算法参数。信息素更新采用根据蚂蚁搜索到的路径长短的优劣势更新节点的信息素。

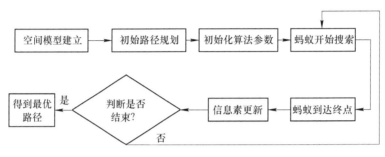

图 12.3　算法流程图

12.6　Matlab 程序

根据蚁群算法原理在 Matlab 软件中编程实现基于蚁群算法的二维路径规划算法，算法分为两步：第一步是使用 dijkstra 算法生成初始次优路径；在第二步初始路径的基础上，使用蚁群算法生成全局最优路径。

利用 dijkstra 算法规划初始路径，其算法思想是先计算点和点之间的距离，然后依次计算各点到出发点的最短距离。dijkstra 代码和蚁群算法代码扫描本章二维码查看。

采用 dijkstra 算法规划初始路径的规划图如图 12.4 所示。

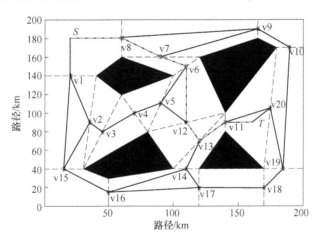

图 12.4　初始路径规划

在初始路径规划的基础上采用蚁群算法进行详细路径规划。根据初始路径规划结果判断路径经过的链路为 v8→v7→v6→v12→v13→v11，每条链路均离散化为 10 个小路段，种

群个体数为 10，个体长度为 6，算法进化次数为 500 次，迭代过程中适应度变化及规划出
的路径如图 12.5 和图 12.6 所示。

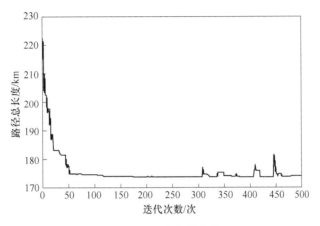

图 12.5　适应度值变化

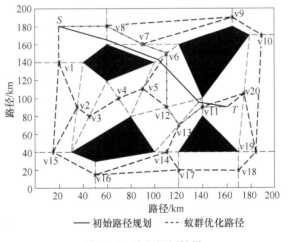

图 12.6　路径规划结果

复习思考题

12.1　蚂蚁算法中的蚁群个数、信息素的重要程度因子、启发函数的重要程度因子、信息素挥发因子及
　　　信息素释放总量对结果有什么影响？

12.2　如何利用以上参数对蚁群算法进行进一步的优化。

参 考 文 献

[1] 王宗宜. 探讨 Matlab 在数字图像处理中的应用［J］. 数字通信世界，2019，169（1）：209-232.

[2] 孙志红，刘金波. Matlab 软件在数学教学中的应用思考［J］. 中国高新区，2017（9）：43，37-41.

[3] 张涛. 计算机编程软件 Matlab 在数据处理方面的运用［J］. 电子技术与软件工程，2022，227（9）：45-48.

[4] 马亮亮，刘冬兵. 高等数学中函数的级数展开与级数求和问题的 Matlab 数值求解［J］. 攀枝花学院学报，2016，33（2）：62-67.

[5] 明廷堂. Matlab 数据可视化编程［J］. 电脑编程技巧与维护，2016，344（2）：79-85.

[6] 潘玉斌，余欣. 基于 Matlab 的客观操稳数据处理程序设计［J］. 汽车零部件，2022，167（5）：20-25.

[7] 臧营邦，刘旭阳，王加敏. 基于 Matlab app designer 的最优化方法辅助教学设计［J］. 电脑与信息技术，2022，30（1）：81-83.

[8] 包志家，李奇. 基于 MATLAB 神经网络工具箱的 BP 神经网络的应用研究［J］. 信息与电脑（理论版），2021，33（2）：181-183.

[9] 袁野. Matlab 可视化与机器学习课程的案例教学实践［J］. 福建电脑，2019，35（7）：116-118.

[10] 沈小雨. 基于 Matlab 的数学图形分析研究［J］. 黑河学院学报，2018，9（7）：205-206.

[11] 孟小燕. Matlab 数学建模技术在工程数学中的应用［J］. 中国新通信，2019，21（16）：161.

[12] 王寻，王宏哲，张泽坤，等. 基于 Matlab GUI 的气泡动力学仿真系统设计［J］. 实验室研究与探索，2022，41（4）：113-117，127.

[13] 王鑫，刘中旺. 基于 Matlab 的相关滤波跟踪算法仿真分析［J］. 计算机测量与控制，2020，18：1-12.

[14] 郭斯羽，温和，唐璐. MATLAB 程序设计及应用［M］. 北京：电子工业出版社，2021.

[15] 贺超英. MATLAB 应用与实验教程［M］. 4 版. 北京：电子工业出版社，2021.

[16] 赵海滨. MATLAB 应用大全［M］. 北京：清华大学出版社，2012.

[17] 朱明，杨保安. 基于 BP 的企业还款能力分析［J］. 系统工程理论方法应用，2001（2）：125-127.

[18] 高山，卓小丽. 基于 RBF 神经网络的连续刚构桥动态位移预测分析［J］. 西部交通科技，2022（9）：95-97.

[19] 赵翻东，蔡益朝，李浩. 基于 GRNN 神经网络的多目标航迹关联［J］. 信息系统工程，2021（7）：135-136.

[20] 苏审言，张建德. 基于概率神经网络的变压器局部放电模式识别［J］. 电气自动化，2022，44（3）：91-93.

[21] 张浩，李小波，张冬冬，等. 基于竞争神经网络的逆变器状态识别方法研究［J］. 智能计算机与应用，2022，12（7）：142-145，150.

[22] 董巧玲. 基于改进神经网络的抽油机故障智能诊断研究［J］. 西安石油大学学报（自然科学版），2022，37（6）：124-132.

[23] 张莲，贾浩，张尚德，等. 基于改进极限学习机的高压断路器故障诊断［J］. 电工电气，2022（10）：50-56.

[24] 夏安林，杜董生，盛远杰，等. 基于决策树的银行目标客户预测算法［J］. 电脑知识与技术，2022，18（24）：8-11，28.

[25] 马青，陈志华，闫翔宇. 基于遗传算法的索穹顶施工误差补偿方法研究［C］//第二十一届全国现代结构工程学术研讨会论文集，2021.

[26] 邱晓磊. 基于蚁群算法的网球机器人路径规划算法研究［J］. 太原学院学报（自然科学版），2022，40（4）：72-78.

［27］陈亮，付立恒，蔡冻，等．基于模拟退火法的磁共振测深多源谐波噪声压制方法［J］．物探与化探，2022，46（1）：141-149.

［28］张明媚．多特征分水岭影像分割斜坡地质灾害提取［M］．北京：中国矿业大学出版社，2021.

［29］胡媛媛．基于形态学的图像分割方法的研究与应用［M］．昆明：昆明理工大学出版社，2018.

［30］王小川．MATLAB 神经网络 43 个案例分析［M］．北京：北京航空航天大学出版社，2013.

［31］王慧菁，杨长辉，吕庆．基于机器视觉的金属表面缺陷检测方法综述［J］．微纳电子与智能制造，2022，4（4）：71-81.

［32］使用遗传算法（GA）解决旅行商问题（TSP）．［2015-06-08］．https：//download. csdn. net/download/lvchao9038/8784737.

［33］神经网络与数学建模．基于精英遗传算法的电动汽车有序充放电调度策略．［2023-02-20］．https：//blog. csdn. net/widhdbjf/article/details/129121256.

［34］阿里 Matlab 建模师．基于混合遗传算法车间调度优化［2022-03-29］．https：//download. csdn. net/download/m0_53407570/85050682.

［35］XI Y G, ZHANG C G. Rolling path planning of mobile robot in a kind of dynamic uncertain environment［J］. Acta Automatica Sinica, 2002, 28：161-175.

［36］COLONI A, DORIGO M, MANIEZZO V. Distributed optimization by ant colonies［EB/OL］.［2010-09］. ftp：//iridia. ulb. ac. be/pub/mdorigo/conference/IC. 06-ECAL92. pdf.

［37］DORIGO M, MANIEZZO V, COLONI A. The ant system：Optimization by a colony of cooperating agents［EB/OL］.［2010-09］. http：//ieeexplore. ieee. org/xpl/freeabs_all. arnumber=484436.